普通高等教育“十三五”规划教材
全国高等医药院校规划教材

供中药、药学、制药技术、制药工程及相关专业用

物理化学实验

第2版

主　编　陈振江　孙　波

科学出版社
北　京

内 容 简 介

本教材是普通高等教育"十三五"规划教材及全国高等医药院校规划教材之一,是由来自全国约20所高等医药院校的物理化学专家、教授编写的,为物理化学课程系列教材之第2版实验教材。全书在内容编排上有四章。第一章为绪论,讲述物理化学实验的目的和要求;第二章选择了基础实验19个实验项目;第三章选择了综合实验5个实验项目,这样既保留了经典的实验内容,又体现了当代的实验技术和特点;第四章讲述物理化学中必需的实验技术与设备。附录部分主要列出了物理化学实验中常用的一些数表。本教材紧扣药学实际,适用性强,以达到培养学生的自我动手能力和独立思考能力,方便学生自学和提高学习水平的目的。

本书可供高等医药院校中医、中药、针灸、推拿、骨伤、临床、护理、保健、康复、卫生管理等相关专业的学生及医药工作者学习与使用,也可供与本内容相关的其他专业的读者参考。

图书在版编目(CIP)数据

物理化学实验 / 陈振江,孙波主编.—2版.—北京:科学出版社,2019.11

普通高等教育"十三五"规划教材 全国高等医药院校规划教材

ISBN 978-7-03-061701-9

Ⅰ.①物… Ⅱ.①陈… ②孙… Ⅲ.①物理化学-化学实验-高等学校-教材 Ⅳ.①O64-33

中国版本图书馆CIP数据核字(2019)第121176号

责任编辑:郭海燕 李 清 / 责任校对:王晓茜

责任印制:徐晓晨 / 封面设计:陈 敬

科学出版社 出版

北京东黄城根北街16号

邮政编码:100717

http://www.sciencep.com

北京虎彩文化传播有限公司 印刷

科学出版社发行 各地新华书店经销

*

2015年8月第 一 版 开本:787×1092 1/16

2019年11月第 二 版 印张:7 3/4

2019年11月第五次印刷 字数:219 000

定价:39.80元

(如有印装质量问题,我社负责调换)

编　委　会

主　审　张师愚

主　编　陈振江　孙　波

副主编　李晓飞　张彩云　刘　雄　王颖莉

程　林　罗三来　骆淑媛

编　委　(按姓氏笔画排序)

马鸿雁（成都中医药大学）

冯　玉（山东中医药大学）

刘　强（浙江中医药大学）

孙　波（长春中医药大学）

李维峰（北京中医药大学）

杨　晶（长春中医药大学）

何玉珍（湖北中医药大学）

张师愚（天津中医药大学）

张秀云（山东中医药大学）

陈欣妍（湖北中医药大学）

邵江娟（南京中医药大学）

罗小莉（广西中医药大学）

赵晓娟（甘肃中医学院）

徐　黎（湖北中医药大学）

曹姣仙（上海中医药大学）

程　林（江西中医药大学）

戴　航（广西中医药大学）

王颖莉（山西中医学院）

刘　雄（甘肃中医学院）

刘幸平（南京中医药大学）

李晓飞（河南中医药大学）

杨　涛（广西中医药大学）

杨茂忠（贵阳中医学院）

张　旭（辽宁中医药大学）

张光辉（陕西中医药大学）

张彩云（安徽中医药大学）

陈振江（湖北中医药大学）

罗三来（广东药学院）

周庆华（黑龙江中医药大学）

骆淑媛（武汉东湖学院）

栾泽柱（辽宁中医药大学）

韩晓燕（天津中医药大学）

程时劲（武汉东湖学院）

张　序

物理化学是理论与实验并重的学科，实验教学在物理化学整体教学中占有重要的地位，因此在全国各大中医药院校普遍开设物理化学实验课程。随着现代实验技术与实验仪器的发展，物理化学实验方法与实验技能在中药学、药学的研究中普遍使用，因而物理化学实验教学被各院校高度重视，2002年出版了第一部由全国高等中医药院校联合编写的《物理化学实验》，其后又出版了由陈振江教授等主编的两部实验教材。可以说，中医药院校物理化学实验教材在研究内容与探索深度上是与时俱进、不断进步的。目前物理化学实验教学又面临着突破、转型的新关口，一方面来源于医药研究与现代科技联系越来越紧密，有限的物理化学实验学时与不断发展的实验技术、无限宽广的研究方向产生矛盾；另一方面来源于传统的以教师为主导、按照实验教材做实验的教学理念逐渐被以学生为主体、强调自主学习与终身学习的理念所代替。新形势下对于如何提高实验教学水平、在有限的学时内完成高质量的物理化学实验及如何开展创新性、研究性、设计性实验，迫切需要做进一步的研究、探索。可喜的是，在这方面，陈振江教授及其所在的湖北中医药大学相关团队一直在探索、实践，在近十年中一直尝试着改进实验教学体系，增加创新性、研究性、设计性实验，在实验内容上做了大量有益的探索改进工作。例如，将蛋白质凝胶电泳与中药混品、赝品的鉴别相结合，用动力学知识测定药物有效期及利用沉降分析测定粒径分布等，这些工作已先后收录到前期几部物理化学实验教材中，但都不够全面，此次由陈振江教授主编的《物理化学》及《物理化学实验》教材，正好可以将其多年的积累和创新的经验汇聚一册。本次编写的《物理化学实验》教材得到了全国高等中医药院校各位名流俊彦襄助，如孙波教授等长期在实验教学领域钻研，具有深厚的教学功底，熟悉不同环境下的教学方式，加之拥有博士、硕士学位的年轻一代教师逐渐成长为各校教学骨干，他们既有创新精神又有科研能力，他们的努力使本次编写的《物理化学实验》教材无论在学术还是创新精神上都代表了高等中医药院校物理化学实验教学水平，也会帮助各高等中医药院校物理化学实验教学更上一层楼。

物理化学实验是物理化学教学、学习中的必要环节，通过实验学生可以了解物理化学实验的原理、方法和测试手段，熟悉有关仪器的构造、原理和使用方法，巩固、加深、验证和补充物理化学课堂教学中的基本理论知识，从而更深入和更全面地理解物理化学的原理和概念。此外，物理化学实验还可以培养学生运用某些实验理论和手段的能力，培养学生严谨的科学态度。因此，要求每位学生在实验时做到：实验前，应认真阅读实验讲义，简要写出预习报告，做好实验准备。实验中，应仔细观察实验现象，严格控制实验条件，详细记录实验数据，认真进行实验操作。实验后，要认真书写实验报告，包括实验目的，简明的实验原理、步骤，原始数据的整理。计算时所用的公式、数据要有交代，需要用图、表来说明的，要按要求做好图、表，图、表要有名称，要注意图表中的有效数字及表示方法。同时要认真解答实验思考题，对实验中的特殊现象和个人的见解、思考要进行讨论。实验中记录的原始数据也应附在实验报告后。要让学生知道现在写作实验报告的训练就是未来写作科研论文的保证。物理化学实验重在实验观测，因此，物理量测量的误差及有效数字的问题在实验中也是非常重要的，如选择不同精度仪器的目的是什么？有关计算的精度及有效数字该如何表示？这些都是实验前应该思考的。还要问自己，是否有更精确的测量方法？物理化学是运用物理学原理和方法，从化学现象与物理现象的联系入手，探求化学变化基本规律的一门学科，因而物理化学实验很多是运用物理学的原理、方法来设计安排实验的，实验中要养成寻找可观测物理量的习惯，并加以总结，争取做到融会贯通。例如，化学中的浓度测量是常见问题，物理化学实验中常用测定折光率、电导、旋光度等来确定浓度。在实验中，应问自己，换一个可观测物理量测量可以吗？选哪一个可观测物理量进行测量？依据是什么呢？实验中的观察、记录及实验后的数据处理反映的是科学习惯和科学作风，大学本科阶段的学习应养成严肃认真、尊重实验事实的好习惯，也要训练自己善于观察、分析实验事实的能力。认真记录的同时，也要问自己，观察到的一定是真实的吗？提倡对实验中的任何一步操作都问问自己为什么要这样做。例如，“实验十四　溶胶的制备、净化与性质”中测量胶体的电泳速度时，应思考“电极为什么不能直接插在胶体溶液中，而要插在辅助液（稀盐酸）中？稀盐酸的浓度是多大？根据什么确定这个浓度呢？怎样确定这个浓度？”对实验中的各种现象也要进行分析思考，要善于从实验中发现问题和总结规律。在完成这些训练的基础上，我们鼓励学生开展创新性、研究性、设计性实验。学生应在自己调查文献的基础上设计好研究方案、步骤，然后与教师共同探讨、改进方案。另外也不必拘泥于实验教材中所列的内容，只要条件允许，任何实验都可以开展。创新性、研究性、设计性实验不在于做实验本身，也不在于验证理论，而在于学生是否从中获得了科学体验和审美体验，是否增加了对真理的热爱。

中药现代化征途漫漫，医药科技日新月异，高等中医药院校师生要将实现中药现代化为己任，在物理化学实验教学中，刻苦钻研，努力提高，为中药现代化的宏伟大厦添砖加瓦。

张师愚

2015 年 7 月

前　言

本套教材是第2版，分别为《物理化学》《物理化学实验》及《物理化学概要、演算与习题》共3本，第1版自2015年8月出版以来，在全国各医药院校的物理化学教学中发挥了很好的作用。在此基础上，科学出版社组织了全国约20所高校的物理化学教学第一线的骨干教师，对第1版教材中存在的问题进行了修订。本套教材的篇幅与第1版基本相同，但也补充了相关的新内容。本实验教材的编写得到了全国22所兄弟院校同行们的大力支持，他们分别是（按学校名称笔画顺序排列）：曹姣仙（上海中医药大学）；冯玉、张秀云（山东中医药大学）；王颖莉（山西中医药大学）；罗三来（广东药学院）；戴航、罗小莉、杨涛、黄宏妙（广西中医药大学）；张师愚、韩晓燕（天津中医药大学）；孙波、杨晶（长春中医药大学）；刘雄、赵晓娟（甘肃中医药大学）；李维峰（北京中医药大学）；张旭、栾泽柱（辽宁中医药大学）；马鸿雁（成都中医药大学）；程林（江西中医药大学）；张彩云（安徽中医药大学）；骆淑媛、程时劲（武汉东湖学院）；李晓飞（河南中医药大学）；张光辉（陕西中医药大学）；刘幸平、邵江娟、吕翔（南京中医药大学）；杨茂忠（贵州中医药大学）；刘强（浙江中医药大学）；周庆华（黑龙江中医药大学）；陈振江、何玉珍、陈欣妍、徐黎（湖北中医药大学）。在此向他们表示衷心的感谢。

由于编写时间仓促，加之编者学识水平有限，不妥之处在所难免，恳请各位同行和读者批评指正。

编　者

2019年8月

第1版前言

物理化学作为一门综合性很强的专业基础课，在药学类的本科教学中举足轻重，其实验课程承担着巩固和加深学生对物理化学理论课基本原理的理解、提升学生运用物理化学基本方法解决实际问题的能力、教会学生正确应用测试技术、训练学生综合实验技能的使命。因此，物理化学实验课在培养学生善于凭借逻辑思维来解决实际问题的素养，引导学生建立科学的世界观等方面均起着重要的作用。

本教材是全套物理化学教材中的一部，其内容包括绪论、基础实验、综合实验、实验技术与设备等四部分。为了提高实验课教与学的质量，我们在绪论中除了介绍物理化学实验课的基本要求、实验误差的来源及传统的数据处理方法等相关知识外，还介绍了计算机辅助处理物理化学实验数据的方法，旨在提高医药院校物理化学实验课教学的水平，缩小实验课教学与社会实践的距离，增强学生对科技迅速发展的当今社会的适应性。

为满足全国高等医药院校教学的需要，同时基于“少而精”的原则，本教材共选择了24个实验。其中19个实验为各学校在现行教学中比较普及、有代表性、比较成熟的物理化学实验，将其作为基础实验，内容涵盖热力学、动力学、电化学、表面化学、胶体化学等方面，基本满足医药类院校的物理化学实验教学需要，同时，各校基本具备这些实验所用的仪器设备，所以有较强的实用性和扩展性。例如，电导技术及应用，本教材共有4个实验与之有关，在此基础上该实验技术还可用于低共熔点的测定、水包油及油包水乳剂的鉴别等，这些测定对药品质量控制有重要意义；蛋白质的盐析与变性实验使学生知道在中药蛋白质成分的提取中，可以采用盐析的方法，同时，对含有蛋白质成分的动物类中药在离心时，必须控制好温度，要用带冷冻装置的离心机。

另外5个实验作为综合实验项目，意在培养学生专业意识，满足专业培养目标，同时探索物理化学实验如何才能直接为医药研究服务。这5个实验包括中药的离子透析、利用等电聚焦电泳测定中药蛋白质成分的等电点及中药品种的真伪鉴别、用动力学知识测定药物有效期及利用沉降分析测定粒径分布、微乳液的制备及一般性质实验。

本教材第四部分“物理化学实验技术与设备”介绍了物理化学实验中涉及的各种仪器的原理和相应技术。例如，阿贝折射仪的使用方法，这种技术对测定中药挥发油的折射率特别有用，而挥发油折射率是药物质量十分重要的指标。

本教材由来自全国18所医药院校的20多位老师编写而成，得到了各参编院校的领导和同行的大力支持，在此表示衷心的感谢！

本教材可供药物制剂、制药工程、药学、中药及相关专业本专科生学习物理化学课程使用。

由于编写时间仓促，加之编者学识水平有限，不妥之处在所难免，恳请各位同行和读者批评指正，以便再版时修订提高！

编　者

2015年5月

目　录

第一章 绪 论

第一节 物理化学实验的目的和要求

物理化学实验是化学实验的一个重要分支,是借助于物理学的原理、技术、手段、仪器和设备,运用数学运算工具来研究和探讨物质体系的物理化学性质和化学反应规律的一门科学。它是在无机化学实验、分析化学实验和有机化学实验基础上的进一步提升,和它们一起构成完整的化学实验体系。物理化学实验可加深对物理化学理论的理解,是物理化学教学中的重要环节,它综合了化学领域中各分支所需要的基本研究工具和方法。物理化学实验根据不同的教学要求,可以单独作为一门课程开设,也可以和物理化学理论部分合并作为一门课程开设。

一、物理化学实验的目的

(1) 验证所学的物理化学基本原理,巩固和加深对物理化学原理的理解,训练使用仪器的操作技能。

(2)培养和锻炼学生观察现象,正确记录数据、处理数据和分析实验结果的能力,培养学生严肃认真、实事求是的科学态度和作风。

(3)掌握物理化学实验的基本方法和技能,从而能够根据所学原理设计实验,选择和正确地使用仪器,提高学生对化学知识灵活运用的能力。

学生在实验过程中应虚心学习、勤于动手、善于思考,认真做好每个实验,努力培养逻辑思维和独立从事科学研究工作的能力。

二、物理化学实验的要求

物理化学实验课开始前要准备:一本实验教材、一本实验预习本、一本数据记录本和一本实验报告册。

学生应严格遵守物理化学实验室的规章制度,对物理化学实验室的安全操作应予以特别重视。若两人一组实验,则应合理分工合作,统筹安排实验时间。

(1)实验前要求预习,在充分预习的基础上写出实验预习报告。学生在预习时要做到:了解实验的目的和原理;了解所用仪器的构造和使用方法;了解实验的过程与步骤;了解实验过程中应注意的问题;了解如何记录数据;了解如何处理实验数据。

(2)实验过程中正确记录实验数据与现象。学生在实验过程中,应认真仔细观察实验现象,按照实验设计实事求是地在编有页码和日期的数据记录本上记录实验数据,数据记录要表格化,字迹要整齐清楚。

(3)实验结束后按要求写出实验报告。学生在实验结束后根据观察的实验现象与记录的实验数据,仔细思考、认真分析并写出实验报告。

三、如何书写物理化学实验的预习报告和实验报告

(1)预习报告的写法:预习报告内容包括实验的目的、原理和意义,实验注意事项,实验数据记录表格。实验前预习与否决定了实验的效果,所以要养成实验前预习的好习惯。

(2)实验报告的写法:物理化学实验报告的内容大致可分为实验目的和原理、实验装置、实验条件(温度、大气压、试剂、仪器精密度)、原始实验数据、数据的处理、作图及分析讨论。书写实验报告的重点应该放在对实验数据的处理和对实验结果的分析及讨论上。这种讨论一般包括对实验现象的分析和解释、对实验结果的误差分析、对实验的改进意见,以及心得体会和查阅过的文献目录等。

第二节 物理化学实验数据的处理方法

物理化学实验结果的处理方法主要有4种:列表法、绘图法、方程式法和计算机辅助法。

一、列 表 法

进行物理化学实验时,常常得到大量的数据,利用表格使其整齐而有规律地表达出来,便于检查、处理和运算,这种方法称为列表法。列表时应注意以下几点。

(1)每一表格应该有简明而完备的名称。

(2)在表格的每一行或每一列的第一栏上,详细写上名称和单位。

(3)表格中的数据应用最简单的形式表示,公共的乘方因子应在第一栏的名称下注明。

(4)每一行中,数字的排列要求要整齐,位数和小数点要对齐,注意有效数字的位数。

(5)原始数据与结果可并列在一张表上,但要把处理方法和运算公式在表下注明。

二、绘 图 法

把实验得到的数据准确而规范地绘出图形,直观地表示各个测量值之间的关系,直接反映出数据变化的特点,如出现极大值、极小值或曲线发生转折等。根据所绘图形,求外推值、求经验方程、作切线求函数的微商。根据曲线的转折点求某些数据或根据曲线所包围的面积,求算某些物理量,从而得到所需的结果。这种处理实验数据的方法,称为绘图法。由于绘图法具有很多优点,因此绘图法的应用极为广泛。绘图时应遵循如下步骤及规则。

1. 坐标纸和比例尺的选择 最常用的是直角坐标纸;有时也用半对数或全对数坐标纸;三组分体系相图则使用三角坐标纸。

用直角坐标纸作图时,以自变量为横轴,因变量为纵轴,横轴与纵轴上的分度不一定从0开始,可视具体情况而定。坐标轴上分度的选择极为重要,若选择不当,将使曲线的某些相当于极大、极小或折点的特殊部分不能显示清楚。分度的选择应遵守下述规则。

(1)要能表示出全部有效数字,以使从作图法求出的物理精确度与测量的精确度相适应。

(2)坐标轴上每小格所对应数值应简便易读,便于计算,一般取1、2、5等。

(3)在上述条件下,应考虑充分利用图纸的全部面积,使全图布局匀称合理。

(4)若作的图形是直线,分度的选择应使其斜率接近于1。

2. 画坐标轴　坐标的分度选定后，画上坐标轴，在轴旁注明该轴所代表变数的名称及单位。在纵轴左面及横轴下面每隔一定距离写下该处变数应有的值，以便作图及读数。纵轴分度自下而上，横轴自左至右。

3. 作测量点　将测得的数据，以点描绘于坐标纸上即可，如果自变量与因变量的误差相等，则习惯上用"○"代表各点，若在同一图上表示几组测量数据时，应用不同的符号加以区别，如⊙、△、* 等。

4. 连曲线　做出各测量点后，用曲线板或曲线尺做出尽可能接近于各点的曲线，曲线应光滑均匀，细而清晰。曲线不必通过所有的点，但分布在曲线两旁的点数，应近似相等。点和曲线间的距离表示测量的误差，要使曲线和点间的距离的平方和为最小，并且曲线两旁各点与曲线间的距离应近于相等。在作图时也存在着作图误差，所以作图技术的好坏也将影响实验结果的准确性。

5. 写图名　曲线作好后，应写上完备的图名，标明坐标轴代表的物理量及比例尺，注写主要的测量条件，如温度、压力等。

6. 切线的做法　在曲线上作切线，通常应用下面两种方法。

（1）镜像法：若需在曲线上任一点 Q 作切线，可取一平面镜垂放于图纸上，使镜面和曲线的交线通过 Q 点，并以 Q 点为轴，旋转平面镜，待镜外的曲线和镜中的曲线的像，成为一光滑曲线时，沿镜边缘作直线 AB，这就是法线。通过 Q 点作 AB 的垂线 CD，CD 线即为切线（图 1-1a）。

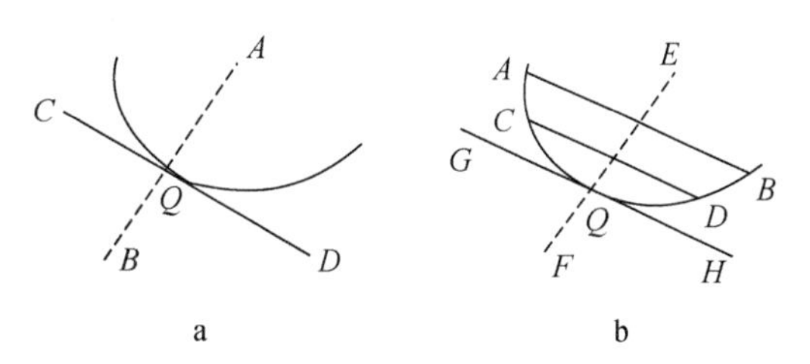

图 1-1　切线的做法

a. 镜像法；b. 平行线法

（2）平行线法：在所选择的曲线段上，作两条平行线 AB 与 CD，作此两段的中点连线 EF，与曲线相交于 Q，通过 Q 作 AB、CD 相平行的直线 GH，GH 即为此曲线在 Q 点的切线（图 1-1b）。

三、方程式法

经验方程式是客观规律的近似描写，它是理论探讨的线索和根据，许多经验方程式中系数的数值是与某一些物理量相对应的，为了得此物理量，常将实验数据归纳为经验方程式表示出来，这样表达方式简单，记录方便，便于进行微分、积分，这种处理实验数据的方法称为方程式法。

例如，在固-液界面吸附中，朗缪尔（Langmuir）吸附方程被证明在经验上是成立的。吸附量 Γ 和吸附物的平衡浓度 C 有下列关系。

$$\frac{C}{\Gamma}=\frac{C}{\Gamma_{\infty}}+\frac{1}{b\Gamma_{\infty}} \tag{1-1}$$

从式（1-1）可以看出，以 C/Γ 对 C 作图，应该是一直线。由斜率可求出饱和吸附量 Γ_{∞}，进一步可以计算每个分子的截面积和吸附剂的比表面积。

（一）图解法

在直角坐标纸上，用实验数据作图形成的直线，建立经验方程如下所示。

$$y = kx + m \tag{1-2}$$

而 k、m 可用以下方法求出。

(1)截距斜率法:将直线延长与 Y 轴相交,在 Y 轴上的截距即为 m,直线斜率为 k。若直线与 X 轴的夹角为 θ ,则 $k = \text{tg}\theta$ 。

(2)端值法:在直线两端选两个点,其坐标为 (x_1, y_1)、(x_2, y_2) ,它们既在直线上,必然符合直线方程,所以得

$$\begin{cases} y_1 = kx_1 + m \\ y_2 = kx_2 + m \end{cases}$$

解此联立方程即得

$$k = \frac{y_1 - y_2}{x_1 - x_2} \qquad \begin{matrix} m = y_1 - kx_1 \\ m = y_2 - kx_2 \end{matrix}$$

(二)计算法

根据所测数据直接计算,以求得 k 和 m。

假设从实验得到几组数据:(x, y),(x_1, y_1),…,(x_n, y_n) ,若都符合直线方程,则应成立下列方程组:

$$\begin{cases} y_1 = kx_1 + m \\ y_2 = kx_2 + m \\ \vdots \qquad \vdots \\ y_n = kx_n + m \end{cases}$$

由于测定值都有偏差,若定义

$$\sigma_i = kx_i + m - y_i \qquad i = 1, 2, 3, \cdots \tag{1-3}$$

为第 i 组数据的“残差”。通过“残差”处理,求得 k 和 m。常用的处理“残差”的方法有如下两种。

1. 平均法 这是最简单的方法。这个方法令经验公式中“残差”的代数和为零,即

$$\sum_{i=1}^{n} \sigma_i = 0 \tag{1-4}$$

将上列方程组分为方程组相等或基本相等的两组。

$$\begin{cases} y_1 = kx_1 + m \qquad y_{p+1} = kx_{p+1} + m \\ \vdots \qquad \vdots \qquad\qquad \vdots \qquad \vdots \\ y_p = kx_p + m \qquad y_n = kx_n + m \end{cases}$$

迭加起来得

$$\sum_{i=1}^{p} \sigma_i = k\sum_{i=1}^{p} x_i + pm - \sum_{i=1}^{p} y_i = 0$$

$$\sum_{i=p+1}^{n} \sigma_i = k\sum_{i=p+1}^{n} x_i + pm - \sum_{i=p+1}^{n} y_i = 0$$

将上面两个方程式联立解之,便可以求出 k 和 m。

现有下列数据(表 1-1),按上述方法处理如下所示。

表 1-1 数据举例

	1	2	3	4	5	6	7	8
X	1	3	8	10	13	15	17	20
Y	3.0	4.0	6.0	7.0	8.0	9.0	10.0	11.0

将这些数据组合为两组:

$$\sigma_1 = k + m - 3.0 \qquad \sigma_5 = 13k + m - 8.0$$
$$\sigma_2 = 3k + m - 4.0 \qquad \sigma_6 = 15k + m - 9.0$$
$$\sigma_3 = 8k + m - 6.0 \qquad \sigma_7 = 17k + m - 10.0$$
$$\sigma_4 = 10k + m - 7.0 \qquad \sigma_8 = 20k + m - 11.0$$

根据 $\sum_i \sigma_i = 0$,上面的两组数据之和应为零,即

$$22k + 4m - 22.0 = 0 \qquad 65k + 4m - 38.0 = 0$$

将上面两个方程联立并解之,得

$$k = 0.420$$
$$m = 2.70$$

由此得到所求直线方程为

$$y = 0.420x + 2.70$$

2. 最小二乘法　这是最准确的处理方法。其根据是使“残差”的平方和为最小。以 F 表示“残差”的平方和,则有

$$\begin{aligned} F &= \sum_{i=1}^{n} \sigma^2 \\ &= \sum_{i=1}^{n} (kx_i + m - y_i)^2 \\ &= k^2 \sum_{i=1}^{n} x_i + 2km \sum_{i=1}^{n} x_i - 2k \sum_{i=1}^{n} x_i y_i + nm^2 - 2m \sum_{i=1}^{n} y_i + \sum_{i=1}^{n} y_i^2 \end{aligned}$$

根据函数有极限值的条件,使 F 为最小必须有

$$\frac{\partial F}{\partial k} = 0 \qquad \frac{\partial F}{\partial m} = 0$$

即

$$\frac{\partial F}{\partial k} = 2k \sum_{i=1}^{n} x_i^2 + 2m \sum_{i=1}^{n} x_i - 2 \sum_{i=1}^{n} x_i y_i = 0$$
$$\frac{\partial F}{\partial m} = 2k \sum_{i=1}^{n} x_i + 2nm - 2 \sum_{i=1}^{n} x_i = 0$$

将上两式联立,便可以解出 k 和 m

$$k = \frac{n \sum_{i=1}^{n} x_i y_i - \sum_{i=1}^{n} x_i \sum_{i=1}^{n} y_i}{n \sum_{i=1}^{n} x_i - \left(\sum_{i=1}^{n} x_i \right)^2}$$

$$m = \frac{\sum_{i=1}^{n} x_i^2 \sum_{i=1}^{n} y_i - \sum_{i=1}^{n} x_i \sum_{i=1}^{n} x_i y_i}{n \sum_{i=1}^{n} x_i^2 - \left(\sum_{i=1}^{n} x_i \right)^2}$$

现将前面的数据(表 1-1),按最小二乘法处理如表 1-2 所示。

表 1-2　最小二乘法处理后数据

x	y	x^2	xy
1	3.0	1	3.0
3	4.0	9	12.0
8	6.0	64	48.0

续表

	x	y	x^2	xy
	10	7.0	100	70.0
	13	8.0	169	104.0
	15	9.0	225	135.0
	17	10.0	289	170.0
总和	$\frac{20}{87}$	$\frac{11.0}{58.0}$	$\frac{400}{1257}$	$\frac{220.0}{762.0}$
$n = 8$	$\sum x = 87$	$\sum y = 58.0$	$\sum x^2 = 1257$	$\sum xy = 762.0$

将上述数据代入最小二乘法的公式中得

$$k = \frac{8 \times 762.0 - 87 \times 58}{8 \times 1257 - 87^2} = 0.42$$

$$m = \frac{1257 \times 58.0 - 87 \times 762.0}{8 \times 1257 - 87^2} = 2.66$$

由此得所求直线方程为

$$y = 0.442x + 2.66$$

四、计算机辅助法

(一)不同类型实验的计算机辅助实验数据处理

(1)图形分析及公式计算类实验,直接用计算器完成的,如"燃烧热的测定""反应热量计的应用""凝固点降低法测定摩尔质量""差热分析""离子迁移数的测定——希托夫法""极化曲线的测定""电导法测定弱电解质的电离常数""电泳""磁化率的测定"等实验。

(2)用实验数据作图或对实验数据计算后作图,然后线性拟合,由拟合直线的斜率或截距求得需要的参数类型的实验,可在计算机上使用 Excel 或 Origin 软件完成,如"液体饱和蒸气压的测定""氢超电势的测定""一级反应——蔗糖的转化""丙酮碘化反应速率常数的测定""乙酸乙酯皂化反应速率常数的测定""黏度法测高分子化合物的分子量""固体比表面的测定""偶极矩的测定"等实验。

(3)非线性曲线拟合,作切线,求截距或斜率类型的实验,可用 Origin 软件在计算机上完成,如"溶液表面吸附的测定""沉降分析"等实验。

(二)Excel 软件处理物理化学实验数据的例子

例如,Excel 软件处理旋光度法测定蔗糖水解转化反应的反应速率实验,蔗糖水解反应的方程可以表示为:$\ln(\alpha_t - \alpha_\infty) = -kt + \ln(\alpha_0 - \alpha_\infty)$,实验测定旋光度 α_t 和 α_∞,显然 $\ln(\alpha_t - \alpha_\infty)$ 对 t 作图可以得到一条直线,从直线的斜率就可以得到反应速率 k。实验测定数据如表 1-3。

表 1-3　不同时刻蔗糖溶液的旋光度(25℃)

时间(min)	2.28	7.52	12.50	18.02	22.15	32.34	52.65	77.34	102.82
旋光度(°)	6.15	5.15	4.45	3.55	2.92	1.80	0.05	−1.15	−1.70

注:$\alpha_\infty = -2.20$

1. 启动 Excel 软件　输入数据，根据需要输入计算公式，如图 1-2。

(1) C 列数据输入公式 $\ln(\alpha_t-\alpha_\infty)$：选中 C2 单元格，在里面输入“=LN($B2+2.20)”，点击“√”得计算结果。然后鼠标按住 C2 单元格右下角，下拉即可得到此列所有数据。

(2) D3 输入反应速率 k 的计算公式即线性方程斜率的负值计算公式：选中 D3，输入“=LINEST(C2:C10,A2:A10)*-1”，点击“√”得计算结果。

(3) D5 输入反映 $\ln(\alpha_t-\alpha_\infty)$ 与 t 相关程度的相关系数的计算公式：输入“=CORREL(C2:C10,A2:A10)”，点击“√”得计算结果。

(4) D7 输入半衰期 $t_{1/2}$ 计算公式 $\ln 2/k$，输入“=LN(2)/D3”，点击“√”得计算结果。

剪贴板　字体　对齐方式

O27　f_x

	A	B	C	D
1	时间 (min)	旋光度(α_t)	$\ln(\alpha_t-\alpha_\infty)$	结果
2	2.28	6.15	2.122262	$k(\mathrm{min}^{-1})$
3	7.52	5.15	1.9947	0.028194
4	12.5	4.45	1.894617	相关系数
5	18.02	3.55	1.7492	-0.99919
6	22.15	2.92	1.633154	半衰期 $t_{1/2}$(min)
7	32.34	1.8	1.386294	24.5849
8	52.65	0.05	0.81093	
9	77.34	-115	0.04879	注：反应体系的HCl浓度为2mol·L^{-1}
10	102.82	-1.7	-0.69315	反应温度为25℃
11	∞	-2.2		
12				

图 1-2　Excel 软件处理数据举例

2. 作图(图 1-3)

(1) 选择作图数据区域 A2～A10，C2～C10。

(2) 单击“插入”，单击“插图”，在“图表类型”栏中选“XY 散点图”，在“子图表类型”中选择只有点的图形类型。

(3) 单击“下一步”按钮，进入“步骤 2”。选中“系列”卡片，将名称项中内容改为“$\ln(\alpha_t-\alpha_\infty)$ -t 图”。

(4) 单击“下一步”按钮，进入“步骤 3”。在“标题”卡片中写上 X 轴和 Y 轴的名称；在“坐标轴”卡片中选 X 轴、Y 轴为主坐标轴；在“网格线”卡片中去掉所有的选项。

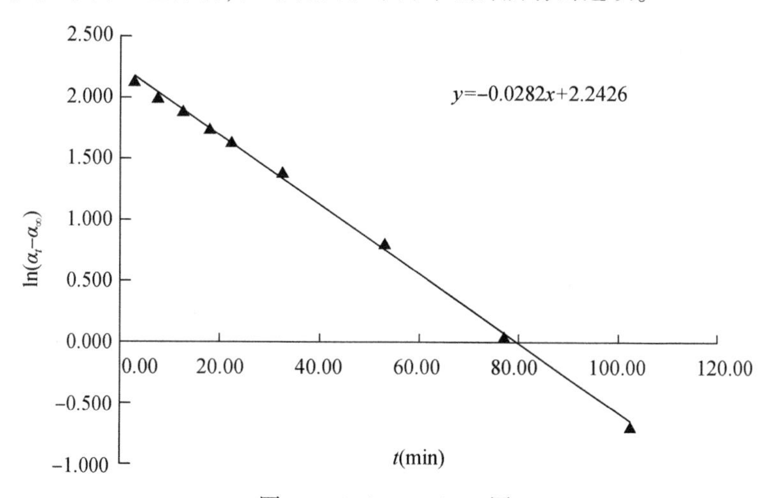

图 1-3　$\ln(\alpha_t-\alpha_\infty)$ -t 图

(5)单击“下一步”按钮,进入“步骤4”。选择“作为其中的对象插入”,单击“完成”按钮。调整图形的位置和大小。单击菜单栏中的“图表”菜单中的“添加趋势线”命令,弹出对话框。在“类型”卡片中,选“线性回归分析类型”。在“选项”卡片的复选框中选中“显示公式”和“显示 R 平方值”,单击“确定”按钮。将生成的公式文本框移至图表的合适位置。删除“图例”文本框,此图例在本图中意义不大。

(三)Origin 软件处理物理化学实验数据的例子

例如,最大气泡法测定表面张力的实验,在 Origin 7.5 文件夹中找到 Origin 75. exe 文件,双击该文件即可运行程序,会出现一个界面。

1. 输入实验数据并计算 σ

启动 Origin 后,在工作表(即 Data 1)中输入实验数据:输入溶液浓度 c 和最大气泡附加压力 Δp_{max} 两列实验数据。再在“Column”菜单中点击“Add New Columns”添加新一列,并右击其顶部,在“Columns”菜单中点击“Set Column Values”,根据公式 $\sigma=\dfrac{\sigma_{水}}{\Delta p_{max,水}}\cdot\Delta p_{max}$,在文本框中输入相应的计算表达式“0.071 66/52.7 * Col(B)”,表达式中 0.071 66 为纯水,52.7 为 $\Delta p_{max,水}$,Col(B)代表待测溶液的 Δp_{max} 值。点击“OK”,Origin 即自动将计算值填入该列,如表 1-4 所示(Δp_{max} 为实验值,σ 为计算值)。

表 1-4 Origin 软件处理物理化学实验数据表

乙醇浓度	Δp_{max}	σ
0.05	38.9	0.0529
0.1	34.4	0.04678
0.15	30.1	0.04093
0.2	27.6	0.03753
0.3	23.6	0.03209
0.5	20.4	0.02774

(1)作 σ–乙醇浓度图:以 σ 对乙醇浓度做出散点图:先按住 Ctrl 键,然后分别单击 A 列(乙醇浓度)和 C 列(σ),即可选中这两列。在“Plot”菜单下选“Scatter”,即可得到一个“Graph 1”窗口散点图。

(2)然后进行一阶指数衰减式拟合:在“Analysis”菜单下点击“Fit Exponential Decay/First Order”,即可得到拟合曲线(图 1-4)(在 Edit 菜单下选择 Copy Page 即可复制)。

(3)单击浮在窗口上的四方格,按 Delete 键即可删除它。

2. 做乙醇浓度为 20% 处的切线

(1)把 Origin 7.5 文件夹中的“斜率曲线. opk”文件(在最后)拖入 Origin 7.5 窗口,即可自动安装该小程序,完成后会出现一个小小的窗口,就两个快捷键(此时可以先缩小 Origin 7.5 窗口,然后左键点解“斜率曲线. opk”文件,拖入 Origin 7.5 窗口)。

(2)左键点击新出现的小小窗口的第一个快捷键后,双击乙醇浓度为 20% 处的点,就会出现此点处的一条切线(一次不行就点多次),并在窗口上有斜率出现(slope = -0.068 893),如图 1-5 所示(在 Edit 菜单下选择 Copy Page 即可复制)。

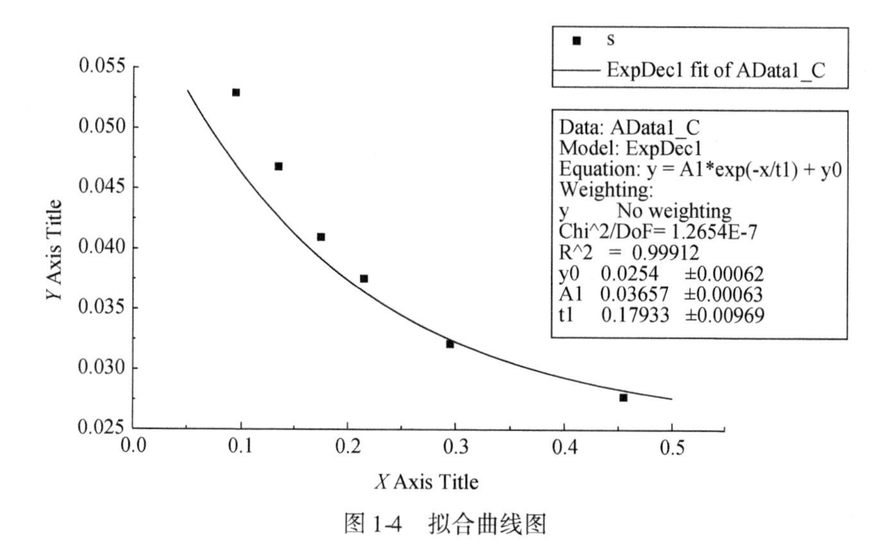

图 1-4　拟合曲线图

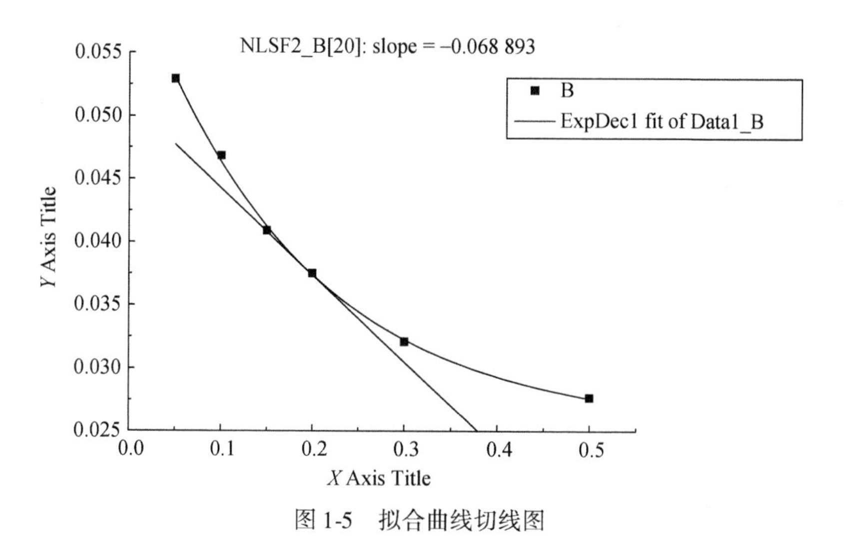

图 1-5　拟合曲线切线图

(3)所求斜率 slope=−0.068 893 为吸附公式 $\Gamma=-\frac{x}{RT}\left(\frac{\partial\sigma}{\partial x}\right)_T$ 中的 $\left(\frac{\partial\sigma}{\partial x}\right)_T$，代入浓度、$R$ 值和温度就可求出最大吸附量。

第二章　基础实验

实验一　燃烧热的测定

一、实验目的

(1)了解氧弹式量热计的原理、构造及使用方法。

(2)明确燃烧热的定义,了解等容燃烧热与等压燃烧热的差别。

(3)用氧弹式量热计测量蔗糖的燃烧热。

二、实验原理

1mol 物质完全氧化时的反应热称为燃烧热。所谓完全氧化是指:$C \rightarrow CO_2(g)$,$H \rightarrow H_2O(l)$,$S \rightarrow SO_2(g)$,N、卤素、Ag 等元素变为游离状态。

例如,在 25℃、$1.013\ 25 \times 10^5$ Pa 下苯甲酸的燃烧热为 $-3226.9 kJ \cdot mol^{-1}$,反应方程为

$$C_6H_5COOH(s) + 7\frac{1}{2}O_2(g) \xrightarrow[25℃]{1.013\ 25\times10^5 Pa} 7CO_2(g) + 3H_2O(l)$$

$$\Delta_C H_m^{\ominus} = -3226.9 kJ \cdot mol^{-1}$$

利用燃烧热的数据可以计算化学反应的反应热,即

$$\Delta_r H_m^{\ominus} = -\sum \nu_i \Delta_C H_m^{\ominus}$$

对于有机化合物,通常利用燃烧热的基本数据求算反应热。燃烧热的测定,是让燃烧反应在等容条件下进行,用氧弹量热计测出的是等容燃烧热 $Q_v(\Delta U)$,但常用的数据为等压燃烧热 Q_p(即 ΔH),对于理想气体,根据热力学推导,Q_p 与 Q_v 的关系见式(2-1)。

$$Q_p = Q_v + \Delta nRT \tag{2-1}$$

式中,Δn 为产物中气体的总摩尔数与反应物中气体总摩尔数之差;R 为气体常数;T 为反应温度,用绝对温度表示。

通过实验测得 Q_v 值,根据上述关系可计算出 Q_p 值。

本实验中测量的基本原理是能量守恒定律。先在盛水容器中放入装有样品和氧气的密闭氧弹,以燃烧丝引火,使 m(g)样品完全燃烧,放出的热量全部传给水和仪器,使温度上升。若已知水量为 a(g),水的比热容为 $c(J \cdot g^{-1} \cdot ℃^{-1})$,仪器的总热容为 $C_{总}$(量热计中氧弹、水桶每升高 1℃ 所需的总热量,$J \cdot ℃^{-1}$),燃烧丝燃烧热为 $q(J \cdot cm^{-1})$,引火燃烧丝长度为 h(cm),始末温度分别为 T_0、T_n,则 m(g)物质的等容热符合以下关系

$$qh + \frac{W}{M}Q_v = (ca + C_{总})(T_n - T_0) \tag{2-2}$$

该物质的摩尔燃烧热为

$$Q_v = \frac{M}{W}[(ca + C_{总})(T_n - T_0) - qh] \tag{2-3}$$

式中,W 为样品质量;M 为该物质的摩尔质量。

若每次实验时水量相等,对同一台仪器 $C_{总}$ 不变,则$(ca+C_{总})$可视为定值 K,式(1-3)改为

$$Q_v = \frac{M}{W}(K\Delta T - qh) \tag{2-4}$$

式中,K 为量热计的常数,$J \cdot ℃^{-1}$;ΔT 为始末温差,$\Delta T = T_n - T_0$。

量热计的常数 K 的求法:用已知燃烧热的物质(本实验用苯甲酸)放在量热计中燃烧,测其始末温度,求出 ΔT,而 M、W、q、h 均为已知数,再根据式(1-4)即可求出 K。

由于燃烧丝热量远小于样品放热量,可忽略不计,则式(1-4)可简化为

$$Q_v = \frac{M}{W}K\Delta T \tag{2-5}$$

K 值求出后,用同一方法测定蔗糖($C_{12}H_{22}O_{11}$)燃烧时的等容热效应 Q_v,再根据

$$C_{12}H_{22}O_{11}(s) + 12O_2(g) \xrightarrow[\text{室温}]{1.013\,25 \times 10^5\,\text{Pa}} 12\,CO_2(g) + 11H_2O(l)$$

即可求出蔗糖的燃烧热 $\Delta_C H_m^{\ominus} = Q_p = Q_v + RT\Delta n$。

三、仪器与试剂

仪器:电脑,多功能控制箱,氧弹式量热计(图 2-1),氧气钢瓶(附减压阀),2000ml 及 1000ml 容量瓶,燃烧丝,分析天平及台式天平,万用电表等。

试剂:蔗糖(分析纯),苯甲酸(分析纯)。

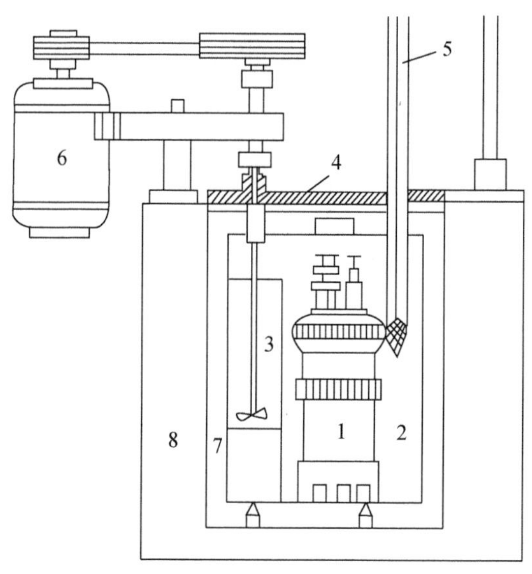

图 2-1 氧弹式量热计

1. 氧弹;2. 水桶;3. 搅拌器;4. 胶木盖;5. 温度传感器;6. 电动机;7. 空气隔热层;8. 水夹套

四、实验步骤

(一)氧弹式量热计常数的测定

(1)样品压片:用台式天平称 0.8g 左右的苯甲酸(不得超过 1g),在压片机上压片,然后将此片

在分析天平上准确称量。

将称量后的苯甲酸药片先用棉线捆好，再用铜丝吊在氧弹的两个电极上，悬在坩埚上方，铜丝与坩埚不可相碰。

（2）氧弹充氧气：用万用电表测量氧弹上两电极是否通路，如不通应打开氧弹重装，如通路即可充氧。

将氧气表出气孔与氧弹进气孔用进气导管连接，打开钢瓶阀门及减压阀缓缓进气，当气压达1～1.5Pa时，停留0.5min，充氧完毕。

（3）装置量热计：用万用电表再次测量氧弹两极是否通路，若不通，则需打开氧弹进行检查。

用容量瓶准确量取已被调节到低于外桶水温0.5℃的蒸馏水3000ml，装入量热计内桶。

（4）测量热容量：打开多功能控制箱，并打开电脑，进入燃烧热测量系统，先"设置"苯甲酸的燃烧热为26 423J·g^{-1}，求热容量，然后存盘退出。按面板要求填入相应数据。

将氧弹放入已装好水的内桶中，控制器的点火导线连接在氧弹的两极上，盖好胶盖，点"开始实验"，即开始测量（注意：测量过程中不要动任何按钮，否则，实验重做）。

（二）测定蔗糖的燃烧热

称取1.2g蔗糖，用上述方法测定蔗糖的燃烧热。

五、数据处理

（1）将数据添入表2-1、表2-2。

表2-1　量热计常数的测定（苯甲酸）

质量：	外桶温度：	内桶温度：
初期温度（℃）	主期温度（℃）	末期温度（℃）
热容量：	发热量：	

表2-2　蔗糖燃烧热的测定

质量：	外桶温度：	内桶温度：
初期温度（℃）	主期温度（℃）	末期温度（℃）
热容量：		

(2)计算 $\Delta T_{校正}$,或从电脑所得升温曲线外推求温差,计算量热计常数。

(3)计算蔗糖的标准摩尔燃烧热 $\Delta_C H_m^{\ominus}$,并与文献值比较。

附

1. 进行温差校正的经验公式

$$\Delta T_{校正} = \frac{V + V_1}{2} \times m + V_1 \gamma$$

$$V = \frac{T_0 - T_{低}}{10} \qquad V_1 = \frac{T_{高} - T_n}{10} \tag{2-6}$$

式中, V 为点火前,每 0.5min 量热计的平均温度变化率; V_1 为样品燃烧使量热计温度达最高而开始下降后,每 0.5min 量热计的平均温度变化率; m 为点火后,温度上升很快(大于每 0.5min 0.3℃)时的 0.5min 间隔数,第一个间隔不管温度升多少都计入 m 中; γ 为点火后每 0.5min 温度上升小于 0.3℃间隔数。

在考虑了温差校正后真实温差应该是

$$\Delta T = T_{高} - T_{低} + \Delta T_{校正} \tag{2-7}$$

式中, $T_{低}$为点火前读得量热计的最低温度; $T_{高}$为点火后量热计达到最高温度后,开始下降的第一个读数。

2. 记录及计算示例(苯甲酸标定量热计的常数)

室温 22.3℃;气压为常压;外桶温度 22.5℃;苯甲酸质量 m(g);内桶温度 21.8℃;燃烧丝长度-剩余燃烧丝长度=燃烧掉燃烧丝长度。

实验数据见表 2-3,温度变化率分别为

$$V = \frac{2.283 - 2.304}{10} = -0.0021$$

$$V_1 = \frac{4.525 - 4.510}{10} = 0.0015$$

而 $m=3, \gamma=9$,因而有

$$\Delta T_{校正} = \frac{-0.0021 + 0.0015}{2} \times 3 + 0.0015 \times 9 = 0.0126(℃)$$

$$\Delta T = 4.525 - 2.304 + 0.0126 = 2.2336(℃)$$

根据式(1-4)即可计算出量热计的常数 K。

表 2-3　苯甲酸标定量热计的常数实验数据

序号每 0.5min	温度读数	序号每 0.5min	温度读数	序号每 0.5min	温度读数
0	2.283(T_0)	12	3.5　m=3	24	4.523
1	2.285	13	4.1	25	4.521
2	2.287	14	4.31	26	4.520
3	2.290	15	4.43	27	4.518
4	2.291	16	4.503	28	4.517
5	2.293	17	4.520	29	4.515
6	2.295	18	4.525γ=9	30	5.514
7	2.297	19	4.527	31	4.512
8	2.300	20	4.528	32	4.510
9	2.304	21	4.528	33	(T_n)……
10	2.304($T_{低}$)	22	4.525($T_{高}$)		
11	2.5(点火)	23	4.524		

六、思 考 题

1. 如何根据实验测得的 Q_v 求出 $\Delta_C H_m^{\ominus}$ ？
2. 为什么要测定真实温差？如何测定真实温差？

七、实 验 预 习

(1)燃烧热的定义是什么？等压燃烧热和等容燃烧热的差别及相互关系是什么？
(2)确定哪些物质放热，哪些物质吸热，列出热平衡关系。
(3)了解贝克曼温度计的用途(见第四章技术与设备第四节热效应的测量方法与温度控制技术)。

实验二 溶解热的测定

一、实 验 目 的

1. 用量热法测定固体试剂的溶解热。
2. 掌握贝克曼温度计的使用方法和量热的基本原理、测量方法。
3. 学会用雷诺图解法对热交换、搅拌热等进行温度校正。

二、实 验 原 理

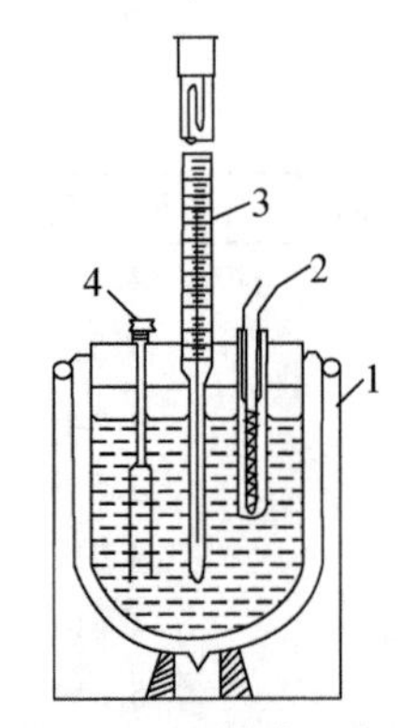

图 2-2 量热计示意图
1. 广口保温瓶；2. 电加热器；3. 贝克曼温度计；4. 搅拌器

物质溶解于溶剂中时产生的热效应称为溶解热。溶解热的正负符号和数值大小取决于溶剂和溶质的性质及它们的相对量，以及温度和压力。等温等压(经常特指 25℃和 101 325Pa)下，1mol 物质溶于一定量溶剂中所形成某浓度溶液时的热效应，称为该浓度溶液的积分溶解热，以符号 $\Delta_s H_m$ 表示。

本实验所用量热计如图 2-2 所示。

由热力学原理可知 $Q_p = C_p \Delta T$。在量热过程中，为计算溶解热，必须求得 C_p 和 ΔT。C_p 是量热容器中各种物质的热容(包括广口保温瓶、搅拌器、电加热器、水溶液和贝克曼温度计浸入水中的各个部分的热容)，它不仅不易算出，还随温度变化，是一个很难通过计算获得的量。为此在待测热量接近相等的 ΔT 范围内，对量热系统通电输入一定的已知热量的 $Q_{电}$，并测出 $\Delta T_{电}$(通电加热过程中温度的升高值)，由 $Q_{电} = C \cdot \Delta T_{电}$ 可求出热当量 C。再使样品在量热系统中进行溶解，测出 $\Delta T_{待测}$(物质溶解过程中温度的降低值)，由 $C \cdot \Delta T_{待测} = Q_{待测} = Q_p$，算出溶解热 Q_p，这就是溶解热测量的基本原理。

本实验中样品 KNO_3 的溶解为吸热反应，可用电热补偿法求出热当量 C。

KNO_3溶解后，系统温度下降。在电热器中通过一定的电流 I(加热器电阻 R)，通电一定时间 t 后，系统由温度的最低值沿原途径升高到原来值。

$$C = \frac{Q_{电}}{\Delta T_{电}} = \frac{0.239 I^2 Rt}{\Delta T_{电}} = \frac{Q_{待测}}{\Delta T_{待测}} \tag{2-8}$$

式中，$Q_{待测}$为使系统温度下降(温差为 $\Delta T_{待测}$)时的溶解热，$Q_{电}$为使系统温度上升(温差等于 $\Delta T_{电}$)时的电热。

本实验用贝克曼温度计测量系统的温差。在量热过程中，应该使 $\Delta T_{电}$和 $\Delta T_{待测}$落在同一温度区域内，数值应尽量接近，这样由于温度计本身的不均匀性所产生的误差就可以抵消掉。采用水银玻璃贝克曼温度计，应考虑热惰性，在读数前要用套有橡胶的玻璃棒轻敲温度计，以防止温度计的数值的热惰性。

量热时不仅要精确地观察始、终态的温度以求出 ΔT，还必须对影响 ΔT 的因素进行校正。这些因素包括由于热传导、蒸发、对流、辐射所引起的热交换和搅拌器运转时所引起的搅拌热等。这些现象的规律性很复杂，很难找到统一的热交换公式来校正。本实验采用雷诺图解法对 ΔT 进行温度校正。其方法如下所示。

1. 将观察到的温度对时间作图，联成 $PADBQ$ 曲线(图 2-3)。A 点相当于热效应开始之点。B 点相当于热效应终了之点。AB 称为主期，主期以前的 PA 称为前期，主期以后的 BQ 称为后期。

2. 量取 AB 两点的垂直距离 BW 即为主期的温度变化值 $\Delta T'$。

3. 通过 $\Delta T'$中的中点 C 作平行于横坐标的直线交曲线于 D 点。

4. 过 D 点作一垂线分别交二主切线(即前期 PA 和后期 BQ 之延长线)于 E、F 两点，则 EF 线段代表校正后的真正的温度改变值 ΔT。

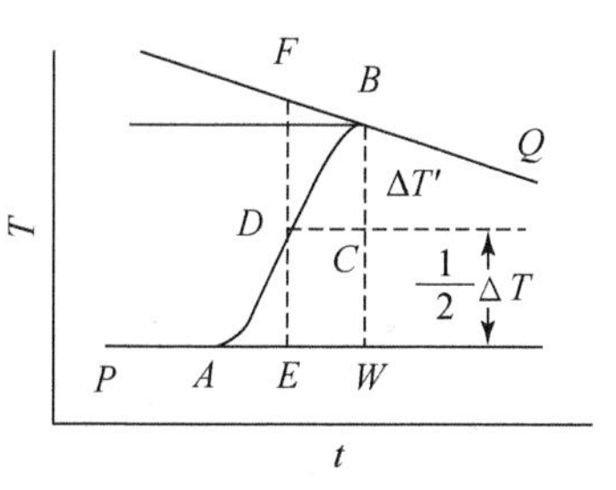

图 2-3　温度测量校正曲线

本实验先测样品溶解时温度的改变量 $\Delta T_{待测}$，系统温度降至最低点时，用电加热器对系统加热，使系统温度回升到接近原值，以求出热当量 C。

由于

$$\Delta_s H_m = C \cdot \Delta T_{待测} \frac{M}{W} \tag{2-9}$$

式中，C 为热当量，M 为 KNO_3的摩尔质量，W 为 KNO_3的实际溶解量。将式(2-9)代入式(2-8)得

$$\Delta_s H_m = \frac{0.239 I^2 RT}{\Delta T_{电}} \cdot \Delta T_{待测} \cdot \frac{M}{W} \tag{2-10}$$

由式(2-10)即可求出 1mol KNO_3的积分溶解热。

三、仪器与试剂

仪器：广口保温瓶一只，电动搅拌器一台，贝克曼温度计一支，电加热器一只，直流稳压电源一台，毫安表一台，伏特计一台，电键一个，秒表一只，放大镜一个，1000ml 烧杯一只、酒精灯一只。

试剂：KNO_3(分析纯)。

四、实验步骤

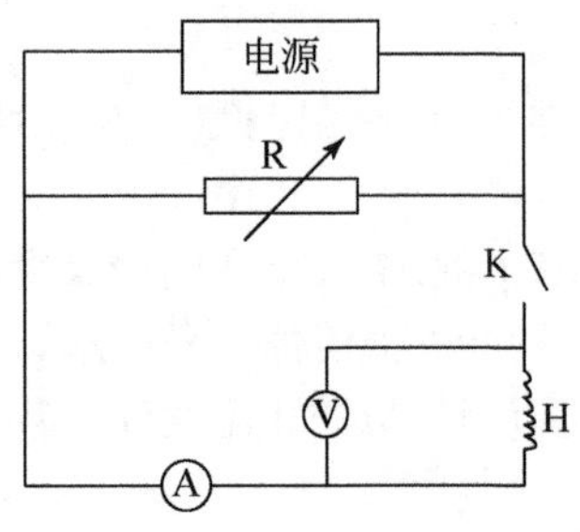

图2-4 电加热器接线图

1. 按图2-4所示接好线路。

由电源输出的直流电经滑线变阻R加在电加热器H上。滑线变阻R用来调节电流强度，通过电流表A和伏特计V可以读出流经电加热器H的电流和H两端的电压。

2. 调整贝克曼温度计，使之适合实验需要（玻璃型的贝克曼温度计见第四章第四节热效应的测量方法与温度控制技术）。

3. 在量热计的盖上安装好各个附件（电动搅拌器、电加热器、贝克曼温度计等），如图2-2。

4. 准确量取3000ml蒸馏水倒入广口保温瓶中，盖好量热计的盖子。

5. 用烧杯取已烘干并储存于干燥器中的KNO_3 50g。

6. 把滑线变阻器R置于最大值，将直流电源输出旋钮旋至零，合上电键K，调节输出电压，使H两端的电压为65V左右，然后将电键K断开。此后，实验过程中不得再调节电源的电压旋钮。

7. 开动搅拌器，读出贝克曼温度计上的温度读数，精确到0.002℃，每分钟读一次（使用玻璃型贝克曼温度计读数前5s，用套橡胶的玻璃棒在温度计的水银附近轻敲3下，以防温度计的惰性）。

8. 在温度恒定5min后，将已称量好的KNO_3全部倒入保温瓶中，争取在1min内倒完，每分钟读一次温度，直到保温瓶中温度回升。

9. 合上电键K，电加热器开始加热，同时开始记录时间，并记取此刻温度，在加热期间，每2min记录电流、电压各一次，同时记录温度一次。

10. 使量热计内水温升至加入KNO_3前的最高温度时，将电键K断开，加热器K停止加热，同时记下准确时间。待热平衡后，记录系统的最高温度。

五、数据处理

1. 按表2-4记录实验数据。

表2-4 实验数据记录

时间t(min)	温度(℃)	电压(V)	电流(A)

2. 将以上数据在直角坐标纸上绘成温度(T)～时间(t)曲线，按雷诺图解法校正后，分别求出$\Delta T_{待测}$和$\Delta T_{电}$。

3. 按式(2-11)计算电流的平均值I。

$$I = \frac{1}{n}\sum I_i \tag{2-11}$$

4. 求出电热时间 t。
5. 计算 KNO_3 的积分溶解热。

六、思　考　题

1. 为什么本实验用电热补偿法标定量热计？
2. 实验测得的温度差值，为何要经过雷诺图解法校正？
3. 为什么可用 EF 线段代表温度改变值 ΔT？
4. 分析实验中温差 ΔT 的各种影响因素。

七、实验预习

1. 本实验如何划分系统与环境？如何减少热泄露？
2. 了解溶解热的定义，溶解热属于 Q_p 还是 Q_v？

实验三　凝固点降低法测定摩尔质量

一、实验目的

1. 掌握用凝固点降低法测定非电解质溶质的摩尔质量。
2. 了解用凝固点降低法研究植物的某些生理现象。

二、实验原理

溶液的凝固点一般低于纯溶剂的凝固点，这种现象称为凝固点降低。非挥发性的非电解质的稀溶液，其凝固点降低值与浓度的关系可用式(2-12)表示：

$$T_f - T_S = \Delta T_f = \frac{RT_f^2}{\Delta H_f} \cdot \frac{n_B}{n_A} \tag{2-12}$$

式中，T_f 为纯溶剂的凝固点；T_s 为溶液的凝固点；ΔT_f 为溶液的凝固点降低值；ΔH_f 为纯溶剂的摩尔凝固热；n_A 为溶剂的物质的量；n_B 为溶质的物质的量。

设在质量为 W_A 的溶剂中溶有质量为 W_B 的溶质，M_A 和 M_B 分别表示溶剂与溶质的摩尔质量，则式(2-12)又可写为

$$\Delta T_f = \frac{RT_f^2}{\Delta H_f} \cdot \frac{M_A}{1000}\left(\frac{W_B}{M_B} \cdot \frac{1000}{W_A}\right) = K_f \frac{W_B}{M_B} \cdot \frac{1000}{W_A} \tag{2-13}$$

式中，K_f 为凝固点降低常数，它只与溶剂的性质有关，而与溶质的性质无关。

根据式(2-13)，如果 W_A、W_B 为已知，可由 ΔT_f 值计算出溶质的摩尔质量 M_B。利用凝固点降低来求摩尔质量是一种简单而又准确的方法，但应注意使用的条件。从式(2-13)可以看出 ΔT_f 值的大小是与溶质在溶液中的“有效质点”数有关的。因此溶质在溶液中产生缔合、解离、溶剂化或生成络合物等情况时，用此法求出的摩尔质量为表观摩尔质量。如果已知溶质的摩尔质量则可用此法研究溶液的缔合度、电解质的电离度、活度及活度系数等性质。

生物体内有自动调节液体浓度以适应外界环境的能力。植物处在低温或干旱条件下，通过酶的

作用可将多糖、蛋白质等高分子物质分解成小分子的双糖、单糖、草酸、氨基酸等，从而大大提高生物体内液体中溶质的有效质点浓度，使系统的渗透压升高，凝固点降低，以抵御外界的干旱或低温条件，所以测定植物液汁的凝固点，可以用来研究植物的某些生理现象。

稀溶液的渗透压为 $\pi = cRT$，式中，c 为溶质的量浓度，对稀溶液

$$c = \frac{\Delta T_f}{K_f} \tag{2-14}$$

所以：

$$\pi = \frac{\Delta T_f}{K_f} RT \tag{2-15}$$

测出稀溶液的凝固点降低值，即可由式(2-15)求出它的渗透压。

三、仪器与试剂

仪器：凝固点测定仪一套，贝克曼温度计一支，普通温度计(-10 ~ 100℃)一支，读数放大镜一个，移液管(50ml)一支，称量瓶一个，1000ml 烧杯、400ml 烧杯各一只。

试剂：葡萄糖(分析纯)，植物汁液，粗食盐及水。

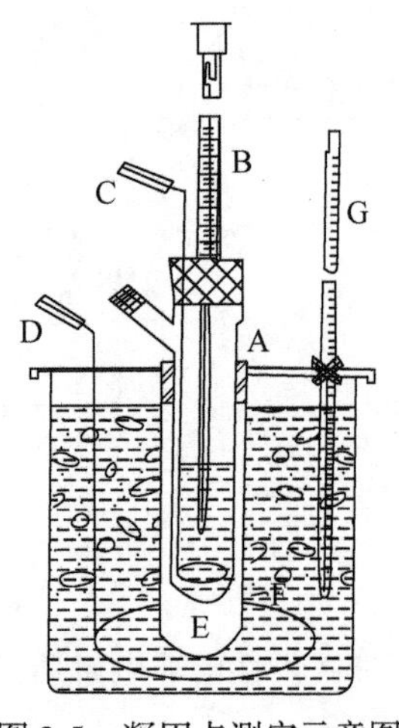

图 2-5 凝固点测定示意图
A. 凝固管；B. 贝克曼温度计；C. 搅棒；D. 搅棒；E. 套管；F. 玻璃缸；G. 温度计

四、实 验 步 骤

1. 冷冻剂的制备 将玻璃缸内放入一定量的碎冰块，加入适量的冷水和粗食盐，搅拌使冷冻剂降至-5 ~ -1℃。测定过程中还要逐渐加入食盐和冰块并经常搅动，使冷冻剂维持一定的低温。

2. 溶剂凝固点的测定 仪器装置如图 2-5 所示。取干净的测定管，加入纯溶剂 30ml 左右(其量应没过温度计的下端水银槽)，插入贝克曼温度计及搅棒后，开始测定溶剂的近似凝固点。

将装有溶剂的测定管直接插入冷冻剂中，轻轻上下移动搅棒，溶剂温度便不断下降，最后当有冰花出现时，水银柱不再下降，读出温度计读数(读至小数后两位)，此即为溶剂近似凝固点的刻度(ΔT_f)。

然后再测定纯溶剂的精确凝固点。将测定管取出，置于室温中搅拌，使冰块全溶化。再将测定管插入冷冻剂中冷却，轻轻搅动，使温度下降到 T_f+0.3℃左右，将测定管外部擦干套上套管(套管要事先置于冷冻剂中，以免管内空气温度过高)，由于套管中的测定管周围有空气层，不与冷冻剂直接接触，故冷却速度较慢，从而使溶剂各部分温度均一。此时继续缓慢而均匀地搅拌溶剂，搅拌时应防止搅棒与温度计及管壁摩擦，当温度比 T_f 低 0.5℃左右时开始剧烈搅拌，以打破过冷现象，促使晶体出现。当晶体析出时温度迅速上升，这时便改为缓慢搅拌，当温度达到某一刻度稳定不变时，读出该温度值(读至小数点后三位)。重复测定一次，两次读数差值不可超过 0.005℃，取平均值，即为溶剂的凝固点(T_f)。

3. 葡萄糖溶液凝固点的测定 由于固态纯溶剂的析出，溶液的浓度会逐渐增大，因而剩余溶液与固态纯溶剂成平衡的温度也在逐步下降。所以溶液的凝固点，是溶液中刚刚析出固态溶剂时的温度。因此应控制不使溶液温度过冷太多。

称取 1.5g 葡萄糖置于干燥清洁的烧杯中，用移液管吸取 30ml 蒸馏水注入杯中，搅匀后，用少量溶液冲洗测定管、搅棒和贝克曼温度计三次，余下的溶液倒入测定管中，按照测量纯溶剂凝固点的方法先后测定该溶液的凝固点的近似值与精确值(有时也可在测定管中准确地装入一定体积的纯溶剂，测出其凝固点后，再由侧管投入一定量的压成小片的溶质，测定其凝固点)。

4. 植物液汁渗透压的测定 取两个不同的植物液汁样本，如室温及低温下保存的马铃薯，分别榨取其液汁。依上法测定其凝固点。注意测定管、搅棒及贝克曼温度计均用测定液汁先冲洗两次，搅拌不要过于剧烈，以免产生很多泡沫使溶剂不易结晶析出。计算其渗透压值，说明它们产生差别的原因。

五、数据处理

1. 将测定的数据列表。
2. 根据测定的 ΔT_f 值计算葡萄糖的摩尔质量。
3. 计算植物液汁的渗透压。

六、思考题

1. 根据什么原则考虑加入溶质的量？太多或太少对实验结果有何影响？
2. 本实验中为何要测纯溶剂的凝固点？
3. K_f 如何得到？
4. 过冷太多对实验结果有何影响？
5. 实验中搅拌的作用是什么？何时该快？何时该慢？为什么？

七、实验预习

1. 复习稀溶液的依数性，了解渗透压与渗透浓度的关系。
2. 了解凝固点降低与渗透压的关系。

实验四 化学平衡常数及分配系数的测定

一、实验目的

测定反应 $KI+I_2 \rightleftharpoons KI_3$ 的平衡常数及 I_2 在 CCl_4 和水中的分配系数。

二、实验原理

在等温、等压下，I_2 和 KI 在水溶液中建立如下的平衡：

$$KI+I_2 \rightleftharpoons KI_3$$

为了测定平衡常数，应在不扰动平衡状态的条件下测定平衡组成。在实验中，当达到上述平衡时，若用 $Na_2S_2O_3$ 标准溶液来滴定溶液中 I_2 的浓度，则因随着 I_2 的消耗，平衡将向左端移动，使 KI_3 继续分解，因而最终只能测得溶液中 I_2 和 KI_3 的总量。为了解决这个问题，可在上述溶液中加入 CCl_4，然后充分摇混（KI 和 KI_3 不溶于 CCl_4），当温度和压力一定时，上述平衡及 I_2 在 CCl_4 层和水层的分配平衡同时建立。测得 CCl_4 层中 I_2 的浓度，即可根据分配系数求得水层中 I_2 浓度（图 2-6）。

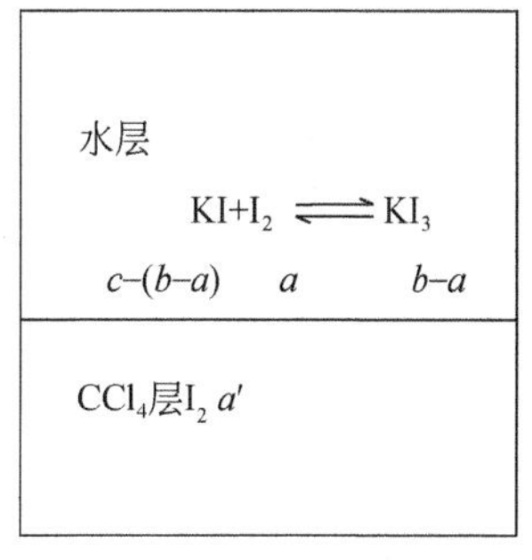

图 2-6 I_2 在两相的分配

设水层中 KI_3+I_2的总浓度为 b,KI 的初始浓度为 c;CCl_4 层 I_2的浓度为 a';I_2在水层及 CCl_4 层的分配系数为 k,实验测得分配系数 k 及 CCl_4 层中 I_2的浓度 a'后,则根据 $k= a'/a$,即可求得水层 I_2浓度 a。再从已知 c 及测得 b,即可计算出平衡常数。

$$k_c = \frac{[KI_3]}{[I_2][KI]} = \frac{(b-a)}{a[c-(b-a)]} \tag{2-16}$$

三、仪器与试剂

仪器:恒温槽一套,250ml 碘素瓶(磨口锥形瓶)三个,50ml 移液管三支,25ml 移液管一支,5ml 移液管三支,10ml 移液管两支,250ml 锥形瓶四个,碱式滴定管两支,250ml 量筒一个,10ml 量筒两个。

试剂:CCl_4(分析纯),I_2的 CCl_4饱和溶液,0.01mol · L^{-1} $Na_2S_2O_3$标准溶液,0.1mol · L^{-1} KI 标准溶液,1% 淀粉溶液。

四、实 验 步 骤

1. 按表 2-5 所列数据,将溶液配于碘素瓶中。

2. 将配好的溶液置于 25℃ 的恒温槽内,每隔 10min 取出振荡一次,约经 1h 后,按表 2-5 所列数据取样进行分析。

表 2-5 实验数据表

实验温度________℃,气压________Pa,KI 浓度________mol · L^{-1},$Na_2S_2O_3$浓度________mol · L^{-1}

			实验编号		
			1	2	3
混合液组成(ml)	水		200	50	0
	I_2的 CCl_4饱和溶液		25	25	25
	KI 溶液		0	50	100
分析取样体积(ml)	CCl_4层		5	5	5
	水层		50	10	10
滴定时消耗的 $Na_2S_2O_3$(ml)	CCl_4层	1			
		2			
		平均			
	水层	1			
		2			
		平均			
分配系数和平衡常数			k=	kc_1=	kc_2=
				kc=	

3. 分析水层时,用 $Na_2S_2O_3$滴至淡黄色,再加 2ml 淀粉溶液作指示剂,然后小心滴至蓝色恰好消失。

4. 取 CCl_4层样时,用洗耳球使移液管尖端鼓泡通过水层进入 CCl_4 层,以免水层进入移液管中。于锥形瓶中先加入 5 ~ 10ml 水,2ml 淀粉溶液,然后将 CCl_4 层样放入锥形瓶中。滴定过程中必须充分振荡，以使 CCl_4 层中的 I_2 进入水层（为加快 I_2 进入水层，可加入 KI）。细心滴至水层蓝色消失，CCl_4 层中不再现红色。

滴定后的和末用完的 CCl_4，皆应倾入回收瓶中。

五、数据处理

1. 数据记录（表 2-5）。
2. 计算 25℃时，I_2 在 CCl_4 层和水层中的分配系数。
3. 计算 25℃时，反应的平衡常数。

六、思考题

1. 测定平衡常数及分配系数时为什么要求恒温？
2. 配制溶液时，哪种试剂要求准确计量其体积？
3. 配制 1、2、3 号溶液进行实验的目的何在？
4. 如何加快平衡的到达？
5. 测定 CCl_4 层中 I_2 的浓度时，应注意些什么？

七、实验预习

1. 了解 CCl_4 的物性包括毒性。
2. 查阅相关资料，熟悉分配系数及萃取操作。

实验五　二组分气-液平衡系统

一、实验目的

1. 绘制具有最低恒沸点二元系统的沸点组成图。
2. 了解阿贝折光仪的构造、原理。
3. 掌握阿贝折光仪测定物质折射率的方法。

二、实验原理

某些二元系统溶液的蒸气压与组成的关系不遵守拉乌尔（Raoult）定律，有较大的偏差，其沸点-组成曲线图上出现最高或最低点（称为恒沸点）。根据柯诺瓦洛夫（Konowalov）第二定律，二元系统处于恒沸点时，其气相组成与液相组成相同。甲醇-苯、乙醇-苯、乙醇-环己烷等二元系统均具有最低恒沸点。如以不同组成的乙醇-环己烷溶液在特制蒸馏器中进行蒸馏，并分别测定沸腾时气相（冷凝液）和液相的折光率，从折光率-组成标准曲线上找出相应的组成后，即可绘制气相与液相的沸点-组成曲线图。

三、仪器与试剂

仪器：平衡蒸馏瓶1套(图2-7)，调压变压器(0.5kV)1台，阿贝折光仪1台，超级恒温槽1个。

试剂：乙醇，环己烷。

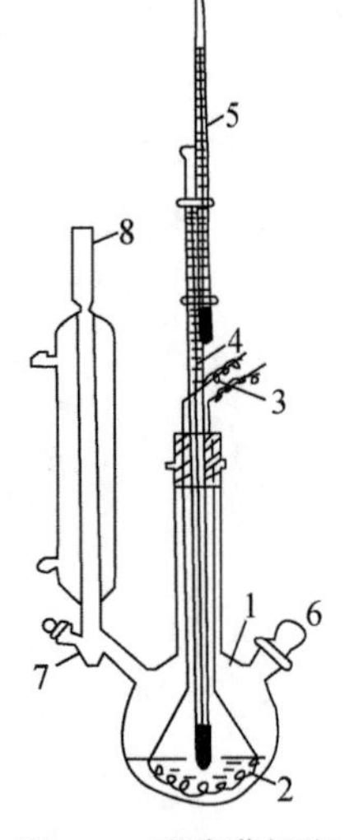

图2-7 平衡蒸馏瓶

1.蒸馏瓶；2.电加热丝；3.导线；4.测量用温度计；5.校正用温度计；6.加液口；7.冷凝液收集小槽；8.冷凝管

四、实验步骤

1.配制10个乙醇-环己烷标准溶液(纯乙醇、纯环己烷及8个不同比例的乙醇-环己烷溶液)，并编号。

2.用阿贝折光仪测定25℃时各标准溶液的折光率。

3.按图2-7连接装置，取1号标准溶液适量，倒入蒸馏瓶中(以温度计水银球的2/3处与液面接触为宜)，并盖好瓶盖。

4.检查电加热线路，将加热元件的调压变压器预先调节妥当，测定时基本上不必更动。

5.冷凝器中通入冷水，接通电源。待溶液沸腾，温度读数保持恒定后，记下沸点温度，并停止加热。迅速用长取样管自冷凝管上端插入冷凝液收集小槽中，取出气相冷凝液，并立即用阿贝折光仪测其折光率；同时用另一短取样管从蒸馏瓶加液口取出少量液相混合液测其折光率(每一份气相或液相样品的折光率各测3次，取其平均值)。

6.分别对各组混合液按上述步骤进行测定，每次取样前必须把吸管吹干。

7.实验结束，停止加热，关闭冷凝水，将蒸馏瓶中溶液倒入回收瓶。

五、注意事项

1.阿贝折光仪应置于干燥、空气流通的室内，应经常保持仪器清洁，严禁油手或汗手触及光学零件，同时应避免强烈震动或撞击，以防止光学零件损伤及影响精度。使用完毕后，应将棱镜打开，用擦镜纸擦干，以备下次测定用。

2.保温电热丝加热不宜过快，否则易引起暴沸。

3.必须待沸腾温度保持恒定时再收集气相冷凝液。取样及测定必须迅速，以防液体挥发而改变组成。

六、数据处理

1.将测定数据填入表2-6和表2-7中。

表2-6 乙醇-环己烷系统标准曲线测定

样品编号	样品组成(乙醇含量)	折光率
1		
2		

续表

样品编号	样品组成(乙醇含量)	折光率
3		
4		
5		
6		
7		
8		
9		
10		

表 2-7　乙醇–环己烷系统的沸点组成图测定

组别	测定次数	沸点	液相		气相	
			折光率 n	组成 x	折光率 n	组成 y
1	1					
	2					
	3					
	平均值					
2	1					
	2					
	3					
	平均值					
3	1					
	2					
	3					
	平均值					
4	1					
	2					
	3					
	平均值					
5	1					
	2					
	3					
	平均值					
6	1					
	2					
	3					
	平均值					
7	1					
	2					
	3					
	平均值					

续表

组别	测定次数	沸点	液相		气相	
			折光率 n	组成 x	折光率 n	组成 y
8	1					
	2					
	3					
	平均值					
9	1					
	2					
	3					
	平均值					
10	1					
	2					
	3					
	平均值					

2. 绘制乙醇-环已烷溶液的折光率-乙醇(%)标准曲线。

3. 从标准曲线中找出各次蒸馏中气相与液相的组成。

4. 绘制乙醇-环已烷的沸点-组成图,并指出最低恒沸点的温度及组成。

七、思 考 题

1. 若液体的折射率大于折光棱镜的折射率能否用阿贝折光仪进行测量?为什么?

2. 收集气相冷凝液时为什么取样及测定必须迅速?如果因液体挥发而改变组成,对沸点-组成图会有什么影响?

3. 试估计哪些因素是本实验误差的主要来源?

八、实 验 预 习

1. 本次实验的两次温度校正各有何意义?

2. 了解乙醇-环已烷系统的实验温度控制在25℃的意义及如何控制温度保持在25℃?

3. 了解阿贝折射仪的用途及使用方法。

实验六 二组分液-液平衡系统

一、实 验 目 的

1. 绘制部分互溶双液系的溶解度曲线。

2. 从溶解度曲线确定二组分液-液系统的临界溶解温度。

二、实验原理

液体在液体中的溶解也适用“相似者相溶”的规律。组成、结构、极性和分子大小近似的液体往往可以完全互溶。例如，水和乙醇，苯和甲苯等都能完全互溶。

若两种液体的极性有显著差异，可导致两液体发生部分互溶的现象。这种在等压下温度对两种液体互溶程度的影响，可归纳为三种情况：具有最高临界溶解温度的系统；具有最低临界溶解温度的系统与同时具有最高和最低临界溶解温度的系统。

本实验主要验证水－苯酚系统，它具有最高临界溶解温度。在常温下将少量苯酚加入水中，它能完全溶解于水。若继续加入苯酚，最终会达到苯酚的溶解度，超过溶解度，苯酚不再溶解，此时系统会出现两个液层，一层是苯酚在水中的饱和溶液（简称水层）；另一层是水在苯酚中的饱和溶液（简称苯酚层）。在等温等压下，两液层达到平衡后，其组成不变。这时在 T-x 图上有相应的两个点，如图 2-8 中 a、b 两点。当在等压下升高温度时，两液体的相互溶解度都会增加，即两液层的组成发生变化并逐渐接近；当升到一定温度时，两液层的组成相等，因而两相变为一相，如图 2-8 中 c 点，c 点的温度称为最高临界溶解温度。等压下通过实验测得不同温度下两液体的相互溶解度，由精确得到的一系列温度及相应组成的数据，就可以绘出此图，找出最高点。

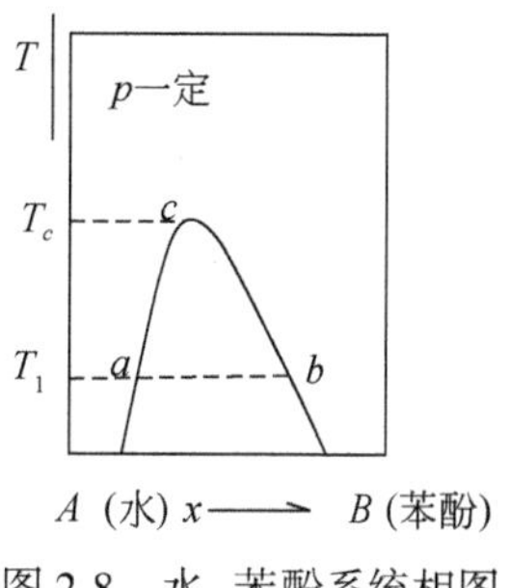

图 2-8　水－苯酚系统相图

三、仪器与试剂

仪器：1000ml 烧杯一只，2.5×18cm 试管一支，0～100℃ 1/10 刻度温度计一支，搅拌器一支，2ml 移液管一支，5ml 移液管一支；电炉一个。

试剂：苯酚（分析纯）。

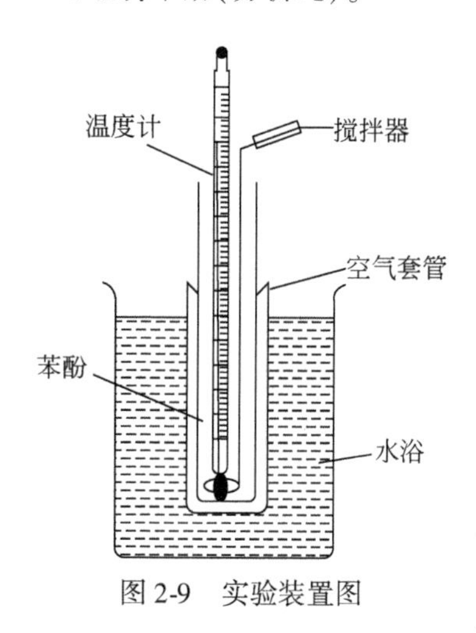

图 2-9　实验装置图

四、实验步骤

1. 实验装置如图 2-9 所示。

2. 在试管内加入 5g 苯酚（称量精确到 0.1g，苯酚腐蚀性大，易潮解，称量时应小心），然后加入 2.5ml 蒸馏水，保持管内混合物的液面低于水浴的液面。

3. 将水浴加热到 80℃ 左右，同时搅拌混合液。当混合液由浑浊变为澄清时，读取温度。然后将套管连同试管提出水面，不断搅拌，使混合液逐渐冷却，记录混合液由澄清变为浑浊时的温度。此两温度的差值不应超过 0.2℃，否则必须重复上述加热和冷却的操作，直到符合要求为止，其平均值作为混合物的溶解温度。温度升高和降低得越慢，两个温度越接近。

4. 在试管中分批加入蒸馏水，每次加 0.5ml，共 5 次，以后每次加 1ml，在逐次加入水测定时，溶解度会先升高而后降低。当此温度越过一最高值后，每次加 2ml 蒸馏水，共 2 次，以后加 4ml，直到溶解温度降到 40℃ 以下为止。

五、数据处理

1. 计算每次加水后混合液中苯酚的质量分数，将各组成和对应的溶解温度列表。
2. 以温度为纵坐标、组成为横坐标作水-苯酚系统的溶解度曲线。
3. 求出最高临界溶解温度。

六、思考题

1. 为什么温度升高和降低得越快，两个液层温度的差值越大？
2. 为什么将套管连同试管提出水面，记录混合液由澄清变为浑浊时的温度？
3. 本实验如何证实 c 点为最高临界溶解温度？

七、实验预习

1. 预习水-苯酚系统的溶解温度范围。
2. 了解不同二组分液-液平衡系统的溶解规律。
3. 了解如何减少温度测量的误差。

实验七　三组分液-液系统相图的绘制

方法一　乙酸-苯-水三液系相图的绘制

一、实验目的

1. 学习绘制有一对共轭溶液的三组分平衡相图（溶解度曲线和连接线）。
2. 掌握相律及用等边三角形坐标表示三组分相图的方法。

二、实验原理

用等边三角形坐标法作三元相图，是将等边三角形的三个顶点各代表一种纯组分，三角形三条边 AB、BC、CA 分别代表 A 和 B、B 和 C、C 和 A 所组成的二组分体系，而三角形内任何一点表示三组分的组成（图 2-10）。图中 O 点的组成：将三角形每条边一百等分，代表100%，过 O 点作平行于各边的直线，并交于 a、b、c 三点，则 $Oa+Ob+Oc=cc'+Bc+c'C = BC=CA=AB$，故 O 点的 A、B、C 组成分别为 $A\% = Ca$，$B\% = Ab$，$C\% = Bc$。

在乙酸(A)-苯(B)（可用环己烷代替）-水(C)三组分体系中，乙酸和苯、乙酸和水完全互溶，而苯（可用环己烷代替）和水则不溶或部分互溶（图 2-11）。图中 EOF 是溶解度曲线，该线上面是单相区，下面是共轭两相区，e_1f_1、e_2f_2 等称为结线。当物系点从两相区转移到单相区，在通过相分界线 EOF 时，体系将从浑浊变为澄清；而从单相区变到两相区通过 EOF 线时，体系则从澄清变为浑浊。因此，根据体系澄明度的变化，可以测定出 EOF 曲线，绘出相图。例如，当物系点为 D 时，体系中只含苯（可用环己烷代替）和水两种组分，此时体系为浑浊的两相，用乙酸滴定，则物系点沿 DA 线变化，B 和 C 的相互溶解度增大，当物系点变化到 O 点，体系变为澄清的单相，从而确定了一个终点 O；

继续加入一定量的水，体系又变为浑浊的两相，然后再用乙酸滴定，当体系出现澄清时又会得到另一个终点。如此反复，即可得到一系列滴定终点。但该方法由浑变清时终点不明显。为此本实验使用下列方法。

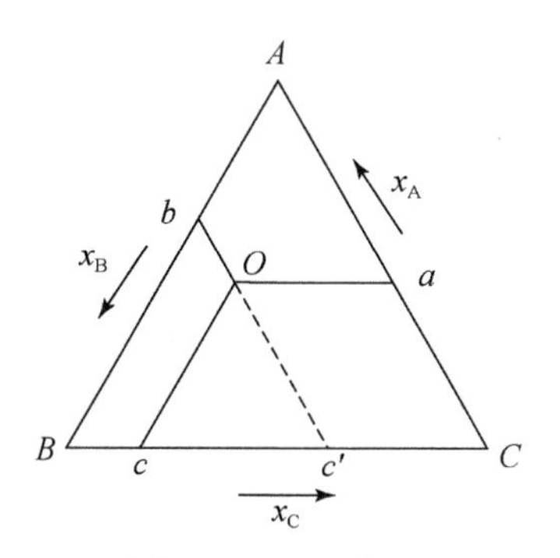

图 2-10 三元相图

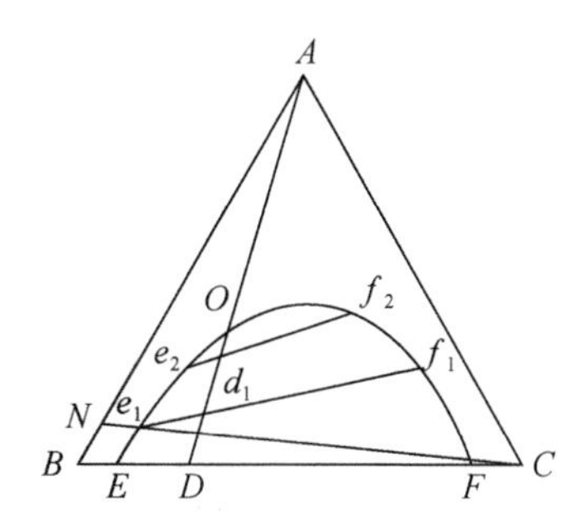

图 2-11 乙酸-苯-水三元相图

实验时，预先混合互溶的 A、B 溶液，其组成用 N 表示，在此透明的 A 和 B 溶液中滴入 C，则体系组成沿 NC 线移动，到 e_1 点时体系由清变浑得到一个终点，e_1 的组成可根据 A、B、C 的用量算出；然后加入一定量的乙酸(A)使溶液澄清，再用 C 滴定至浑浊，如此可得到一系列不同组成的终点 e_1、e_2、O、f_2、f_1 等，连接这些终点即可画出溶解度曲线。测定结线时，在两相区配制混合液（如 d_1），达平衡时二相的组成一定，只需分析每相中一个组分的含量，在溶解度曲线上就可找出每相的组成点（如 e_1 和 f_1），其连线即为结线。

三、仪器与试剂

仪器：带塞锥形瓶 100ml 两个、25ml 两个，锥形瓶 150ml 两个，酸式和碱式滴定管（50ml）各一支，移液管 2ml 和 1ml 各一支，公共移液管 10ml 和 1ml 各一支。

试剂：无水苯（可用环己烷代替），乙酸（均为分析纯），0.5mol · L^{-1} 标准 NaOH 溶液，酚酞指示剂。

四、实 验 步 骤

1. 溶解度曲线的测定 在干净的酸式滴定管内装乙酸，碱式滴定管装蒸馏水。取一只干燥而洁净的 100ml 带塞锥形瓶，用公共移液管量入 10ml 苯，用酸式滴定管加入 4ml 乙酸，然后边振荡边慢慢滴入蒸馏水，溶液由清变浑即为终点，记下水的体积；再向此瓶加入 5ml 乙酸，体系又成均相，继续用水滴定至终点；随后依次加 8ml、8ml 乙酸，分别用水滴定至终点，记录各组分的用量于表 7-1。最后再加入 10ml 苯配制共轭体系 d_1，盖上塞子并每隔 5min 摇动一次，半小时后用此溶液测结线 e_1f_1。

另取一个干净的 100ml 带塞锥形瓶，加入 1ml 苯和 2ml 乙酸，用蒸馏水滴至终点；同法依次加入 1ml、1ml、1ml、1ml、2ml 乙酸，分别用水滴定至终点，并记录于表 2-8。

2. 结线的测定 上面所得 d_1 溶液，经半小时后，待二层液体分清，用干净的移液管吸取上层液 2ml，下层液 1ml，分别装入已经称重的两个 25ml 带塞锥形瓶中，再称其重量；然后用适量蒸馏水分别洗入两个 150ml 锥形瓶中，以酚酞为指示剂，用 0.5mol · L^{-1} 标准 NaOH 溶液滴定乙酸的含量，记录于表 2-9。

五、数据处理

1. 数据记录 由终点时溶液中各组分的实际体积及由手册查出实验温度时三种液体的密度（常温下 HAc = 1.05g · ml^{-1}、C_6H_6 = 0.88g · ml^{-1}、H_2O = 1.0g · ml^{-1}），算出各组分的重量百分含量，查出苯与水的相互溶解度 E、F，记入表 2-8。而结线的测量数据则记入实验记录本上。

2. 作图

（1）根据表 2-8 的 1 ~ 10 号数据，在等边三角形坐标纸上，平滑地做出溶解度曲线，并延长至 E 点和 F 点（近乎直线）。

（2）在溶解度图上做出相应的 d_1 点；在溶解度曲线上，将上层的乙酸含量描在含苯较多的一边，下层描在含水量较多的一边，做出 d_1 的结线 e_1f_1，它应通过 d_1 点。

表 2-8 乙酸-苯-水三组分溶解度曲线测试数据（25℃）

实验编号	乙酸		苯		水		总质量（g）	质量分数（%）		
	体积（ml）	质量（g）	体积（ml）	质量（g）	体积（ml）	质量（g）		乙醇	苯	水
1	4.0		10.0							
2	9.0		10.0							
3	17.0		10.0							
4	25.0		10.0							
5	2.0		1.0							
6	3.0		1.0							
7	4.0		1.0							
8	5.0		1.0							
9	6.0		1.0							
10	8.0		1.0							

六、思考题

1. 滴定过程中，若某次滴水量超过终点而读数不准，是否要立刻倒掉溶液重新做实验？
2. 测定结线时，吸取下层溶液应如何插入移液管才能避免上层溶液进入沾污？
3. 如果结线 e_1f_1 不通过物系点 d_1，其原因可能有哪些？

七、实验预习

1. 如何确定等边三角形坐标的顶点、线上的点、面上的点分别代表几组分的组成？
2. 相律的应用。

方法二　异丙醇-水杨酸甲酯-水三液体系的相图绘制

一、实验目的

实验目的同方法一。

二、实验原理

实验原理同方法一，异丙醇-水杨酸甲酯-水三液体系的相图如图2-12所示。

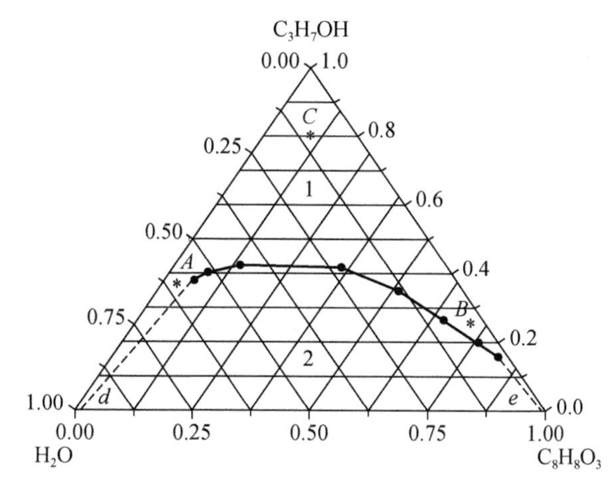

图2-12　异丙醇-水杨酸甲酯-水三液体系的相图

1. 单相区；2. 多相区；*A*、*B*、*C*. 1中的处方点；*d*、*e*. 共轭相点，*d*代表被水杨酸甲酯饱和了的水层，*e*代表被水饱和了的水杨酸甲酯层

三、仪器与试剂

仪器：带塞锥形瓶100ml两个、25ml两个，锥形瓶150ml两个，酸式和碱式滴定管（50ml）各一支，移液管2ml和1ml各一支，公共移液管10ml和1ml各一支。

试剂：水杨酸甲酯、异丙醇（均为分析纯）。

四、实验步骤

1. 按表2-9所示的数值，分别精密吸取一定体积的水杨酸甲酯，置于锥形瓶中。在两支滴定管中分别加入异丙醇和蒸馏水，记下刻度，按表2-9中的配方在水杨酸甲酯中滴加异丙醇。

2. 向该混合液体中小心滴加蒸馏水，每加一滴充分摇匀后，方可加入下一滴，直至液体刚刚由清变浊。记下此时蒸馏水的体积。

表 2-9 水杨酸甲酯-异丙醇-水三组分溶解度曲线测试数据(25℃)

No.	水杨酸甲酯		异丙醇		蒸馏水		总质量	质量百分率(%)		
	体积(ml)	质量(g)	体积(ml)	质量(g)	体积(ml)	质量(g)	(g)	水杨酸甲酯	异丙醇	水
1	0.2		1.8							
2	0.6		5.4							
3	1.0		7.4							
4	2.0		9.0							
5	6.2		10.8							
6	9.0		9.2							
7	12.2		7.4							
8	14.2		5.6							
9	16.0		4.6							

五、数据处理

将$\rho_{H_2O}=1.0g/cm^3$,$\rho_{异丙醇}=0.8g/cm^3$,$\rho_{水杨酸甲酯}=1.2g/cm^3$代入计算,绘制相图算出混合液的总重量及各组分的百分含量,根据百分比在三元相图中画出各点的位置,连接各点使之成为光滑的曲线。

六、思考题

滴定过程中,若某次滴水量超过终点而读数不准,是否要立刻倒掉溶液重新做实验?

七、实验预习要求

1. 如何确定等边三角形坐标的顶点、线上的点、面上的点分别代表几组分的组成?
2. 相律的应用。

实验八 电导法测定难溶药物的溶解度

一、实验目的

1. 测定硫酸钡和氯化银的溶解度。
2. 掌握测定溶液电导的实验方法。
3. 巩固溶液电导的基本概念。

二、实验原理

难溶药物如硫酸钡、氯化银及中药矿石类药物的溶解度很小，要直接测量溶解度用一般的化学滴定方法比较困难，而药物溶解度的大小是衡量优劣的重要指标之一。

根据摩尔电导的定义，电导率与摩尔电导之间有如下关系：

$$\Lambda_m = \frac{\kappa}{c} \tag{2-17}$$

式中，c 为电解质溶液的浓度（单位为 $mol \cdot m^{-3}$），κ 为该浓度时电解质溶液的电导率（$S \cdot m^{-1}$），Λ_m 单位为（$S \cdot m^2 \cdot mol^{-1}$）。只要测得电导率 κ 之后，就可以求得 Λ_m 和 K_c。

对于难溶药物来说，其溶解度一定很小，即使是饱和溶液，离子的浓度仍然很小，这时可近似计看作无限稀释溶液。根据科尔劳施离子独立运动定律，该溶液的摩尔电导可用无限稀释的离子电导通过简单加和求得：$\Lambda_m^\infty = \Lambda_+^\infty + \Lambda_-^\infty$，因此式(2-17)式可以写为

$$\Lambda_m^\infty = \frac{\kappa}{c} \tag{2-18}$$

常温下，无限稀释一些离子的摩尔电导见教材表4-7和书本附录十一。

例：Ag^+的摩尔电导为 $61.92 \times 10^{-4} S \cdot m^2 \cdot mol^{-1}$；$Cl^-$的摩尔电导为 $76.34 \times 10^{-4} S \cdot m^2 \cdot mol^{-1}$；$\frac{1}{2}Ba^{2+}$的摩尔电导为 $63.64 \times 10^{-4} S \cdot m^2 \cdot mol^{-1}$；$\frac{1}{2}SO_4^{2-}$ 的摩尔电导为 $79.8 \times 10^{-4} S \cdot m^2 \cdot mol^{-1}$。

求得 Λ_m^∞，再通过试验测得该溶液的电导率，就能算出该难溶液药物溶解度，但必须注意试验测得的是电解质和水的总电导率，所以在运算中要从总电导率中减去纯水的电导率。

三、仪器与试剂

仪器：DOS-11A 型电导率仪一台，恒温水箱一台，容量瓶（100ml）四个，移液管（15ml）两支，烧杯（20ml）两只，洗瓶一个。

试剂：AgCl（分析纯），$BaSO_4$（分析纯），蒸馏水。

四、实验步骤

1. 接通电导率仪电源预热 10min 并调整（详见第四章第一节电导的测量及仪器）。
2. 选择合适的电导电极，将仪器上的电导池常数调到与所用电导极上所标的常数一致。
3. 用蒸馏水配制 AgCl 和 $BaSO_4$ 饱和溶液置于 25℃±1℃的恒温水箱中恒温 30min。
4. 分别快速吸取 15ml 饱和溶液置于 20ml 烧杯中，插入电导电极测定电导率，注意电极应完全浸入溶液中。
5. 将蒸馏水置于容量瓶并放入恒温水箱中水浴 30min 后取出，迅速测定其电导率。
6. 每测定一次，电极均要用蒸馏水洗干净（多次冲洗）。
7. 测定中注意电导电极的引线不能潮湿，并适当控制好测定温度，试验结束后，关好电源，充分洗涤电极。

五、数据处理

将所测得的 AgCl 和 $BaSO_4$ 溶液及蒸馏水的电导率列出，经过数据处理求得 AgCl 和 $BaSO_4$ 的溶解度。

六、思 考 题

若不是难溶盐是否可以利用这个方法求得其溶解度?

七、实 验 预 习

1. 掌握电导率仪的使用方法。
2. 电解质溶液电导率的大小受什么因素的影响?

实验九 电导法测定弱电解质的电离平衡常数

一、实 验 目 的

1. 测定乙酸的电离常数。
2. 进一步掌握测定溶液电导的实验方法。

二、实 验 原 理

乙酸在水溶液中电离,呈下列平衡:

$$\begin{array}{ccc} HAc & \rightleftharpoons & H^+ + Ac^- \\ c(1-\alpha) & & c\alpha \quad c\alpha \end{array}$$

式中,c 为乙酸的浓度,α 为电离度,其平衡常数 K_c 为

$$K_c = \frac{c_{H^+} \cdot c_{Ac^-}}{c_{HAc}} = \frac{c\alpha \cdot c\alpha}{c(1-\alpha)} = \frac{c\alpha^2}{1-\alpha} \tag{2-19}$$

在一定的温度下 K_c 为一常数,因此可以通过测定不同浓度下的电离度,由式(2-19)就可计算出 K_c 值。

乙酸溶液的电离度可用电导法测定。电导的物理意义:当导体两端的电位差为1V时所通过的电流强度,即电导 $= \frac{\text{电流强度}}{\text{电位差}}$,因此,电导是电阻的倒数。当电极面积为 $1m^2$,两相间的距离为1m时,这时的电导称为电导率。电解质溶液的电导率不仅与温度有关,还与溶液的浓度有关,因此通常用摩尔电导率这个量来衡量电解质溶液的导电本领。摩尔电导率的定义:相距1m的两平行电极之间,含有1mol电解质溶液所测得的电导率为摩尔电导率。对于弱电解质,其电导除与电解质的量有关外,还与电解质的电离度有关。根据电解质溶液理论,弱电解质的电离度 α 随溶液的稀释而增加,当溶液无限稀释时则弱电解质完全电离,即 $\alpha \to 1$。在一定的温度下溶液的摩尔电导与离子的真实浓度成正比,因此也与电离度成正比,所以弱电解质的电离度 α 应等于溶液在浓度为 c 时的摩尔电导率 Λ_m 和溶液在无限稀释时的摩尔电导率 Λ_m^∞ 之比,即

$$\alpha = \frac{\Lambda_m}{\Lambda_m^\infty} \tag{2-20}$$

将式(2-20)代入式(2-19),得

$$K_c = \frac{c \cdot \Lambda_m^2}{\Lambda_m^\infty(\Lambda_m^\infty - \Lambda_m)} \tag{2-21}$$

式中，Λ_m^∞ 可根据柯尔劳施定律，由离子的无限稀释摩尔电导计算得到，如25℃时，

$\Lambda_m^\infty(HAc) = \Lambda_m^\infty(H^+) + \Lambda_m^\infty(Ac^-) = (349.8 + 40.9) \times 10^{-4} = 390.7 \times 10^{-4}(S \cdot m^2 \cdot mol^{-1})$

而 Λ_m 可由式(2-22)求出 HAc

$$\Lambda_m = \frac{\kappa}{c} \tag{2-22}$$

式中，c 为溶液的浓度（单位为 $mol \cdot m^{-3}$），κ 为该浓度时电解质溶液的电导率（$S \cdot m^{-1}$），Λ_m 单位为 $S \cdot m^2 \cdot mol^{-1}$。

只要测得电导率 κ 之后，就可以求得 Λ_m 和 K_c。

将电解质溶液放入两平行电极之间，若两电极的面积均为 A，距离为 l，这时中间溶液的电导

$$L = \kappa \frac{A}{l} = \frac{\kappa}{K} \tag{2-23}$$

$K = \frac{l}{A}$，对于一定的电导池为一常数，称电导池常数（m^{-1}）。

三、仪器与试剂

仪器：DDS-11A 型电导率仪一台，恒温水浴一套，容量瓶 100ml 一个、50ml 四个，25ml 移液管三支，100ml 烧杯三只。

试剂：0.01mol・L^{-1} KCl 溶液，0.1mol・L^{-1} HAc 溶液。

四、实验步骤

1. 调节恒温水浴温度为25℃±0.01℃。

2. 在容量瓶中配制浓度为0.1mol・L^{-1}乙酸溶液的 $\frac{1}{4}$、$\frac{1}{8}$、$\frac{1}{16}$、$\frac{1}{32}$ 溶液各50ml，并置于水浴中静置恒温。

3. 调好电导率仪。

4. 用重蒸水充分洗涤电导池和电极，并用少量0.01mol・L^{-1}KCl 溶液洗几次，将已恒温约10min 后的0.01mol・L^{-1}KCl 标准溶液注入电导池，使液面超过电极铂黑1～2cm，测量电极常数。

五、注意事项

1. 乙酸溶液浓度一定要配制准确。
2. 使用铂电极不能碰撞，不要直接冲洗铂黑，不用时应浸在蒸馏水中。
3. 盛被测液的容器必须清洁，无其他电解质沾污。

六、数据处理

1. 将实验所测数据记录并进行处理，结果填入表2-10中。

表 2-10　电导法测定 HAc 的电导率和 K_c

实验温度______℃,电极常数______m^{-1}

乙酸浓度 $(mol \cdot L^{-1})$	电导率 κ $(S \cdot m^{-1})$	摩尔电导 Λ_m $(S \cdot m^2 \cdot mol^{-1})$	电离度 α	电离常数 K_c	平均 K_c

2. 式(2-21)可以改写为

$$c \cdot \Lambda_m = K_c(\Lambda_m^\infty)^2 \cdot \frac{1}{\Lambda_m} - K_c\Lambda_m^\infty \tag{2-24}$$

以 $c \cdot \Lambda_m$ 对 $\frac{1}{\Lambda_m}$ 作图应得一直线,直线的斜率为可以求出 K_c,并与表 2-10 的 K_c 进行比较。

七、思　考　题

1. 水的纯度对测定有何影响?
2. 强电解质是否可用此法求出电离常数?

八、实 验 预 习

电导率仪的原理和使用方法。

实验十　蔗糖转化速度的研究

一、实 验 目 的

1. 测定蔗糖的转化速度常数和半衰期。
2. 了解反应的反应物浓度与旋光度之间的关系。
3. 了解旋光仪的基本原理;掌握旋光仪的正确操作技术。

二、实 验 原 理

蔗糖转化反应

$$\underset{(蔗糖)}{C_{12}H_{22}O_{11}} + H_2O \xrightarrow{H^+} \underset{(葡萄糖)}{C_6H_{12}O_6} + \underset{(果糖)}{C_6H_{12}O_6}$$

是一个二级反应。在纯水中,此反应速度极慢,通常需要在 H^+ 的催化作用下进行。由于反应时水是大量存在的,尽管有部分水参加反应,可以近似认为整个反应过程中的水浓度是恒定的;而且 H^+ 是催化剂,其浓度也保持不变,因此蔗糖转化反应可看作为一级反应。一级反应的速度方程可由式(2-25)表示:

$$-\frac{dc_A}{dt}=kc_A \tag{2-25}$$

式中，k 为反应速度常数，c_A 为时间 t 时的反应物浓度。

式(2-25)积分得

$$\ln c_A=-kt+\ln c_A^0 \tag{2-26}$$

c_A^0 为反应开始时蔗糖的浓度。

当 $c_A=\frac{1}{2}c_A^0$ 时，t 可用 $t_{1/2}$ 表示，即为反应的半衰期：

$$t_{1/2}=\frac{\ln 2}{k}=\frac{0.693}{k} \tag{2-27}$$

蔗糖及其转化产物都含有不对称的碳原子，它们都具有旋光性，但是它们的旋光能力不同，故可利用体系在反应过程中旋光度的变化来度量反应的进程。

测量物质旋光度所用的仪器称为旋光仪。溶液的旋光度与溶液中所含旋光物质的旋光能力、溶剂性质、溶液的浓度、样品管长度、光源波长及温度等均有关系。当其他条件均固定时，旋光度 α 与反应物浓度 c 呈线性关系，即

$$\alpha=Kc \tag{2-28}$$

式中，比例常数 K 与物质的旋光能力、溶质性质、样品管长度、温度等有关。物质的旋光能力用比旋光度来度量，比旋光度可用式(2-28)表示：

$$[\alpha]_D^{20}=\frac{\alpha\times 100}{lc} \tag{2-29}$$

式中，20 为实验时温度 20℃；D 是指所用钠光灯光源 D 线波长 589nm；α 为测得的旋光度；l 为样品管的长度(dm)；c 为浓度(g/100ml)。

作为反应物的蔗糖是右旋性物质，其比旋光度 $[\alpha]_D^{20}=66.6°$；生成物中葡萄糖也是右旋性的物质，其比旋光度 $[\alpha]_D^{20}=52.5°$，但果糖是左旋性物质，其比旋光度 $[\alpha]_D^{20}=-91.9°$。由于生成物中果糖的左旋性比葡萄糖右旋性大，所以生成物呈现左旋性质，因此，随反应的进行，体系的右旋角不断减小，反应至某一瞬间，体系的旋光度恰好等于零，而后就变成左旋，直至蔗糖完全转化，这时左旋角达到最大值 α_∞。

设最初体系的旋光度为

$$\alpha_0=K_{反}c_A^0 \quad (t=0 \quad 蔗糖尚未转化) \tag{2-30}$$

最终体系的旋光度为

$$\alpha_\infty=K_{生}c_A^0 \quad (t=\infty \quad 蔗糖已完全转化) \tag{2-31}$$

式(2-30)、式(2-31)中的 $K_{反}$、$K_{生}$ 分别为反应物与生成物的比例常数。当时间为 t 时，蔗糖的浓度为 c_A，此时旋光度 α_t 为

$$\alpha_t=K_{反}c_A+K_{生}(c_A^0-c_A) \tag{2-32}$$

由式(2-30)，式(2-31)，式(2-32)三式联立可解得

$$c_A^0=\frac{\alpha_0-\alpha_\infty}{K_{反}-K_{生}}=K'(\alpha_0-\alpha_\infty) \tag{2-33}$$

$$c_A=\frac{\alpha_t-\alpha_\infty}{K_{反}-K_{生}}=K'(\alpha_t-\alpha_\infty) \tag{2-34}$$

式(2-33)、式(2-34)两式代入(2-26)式可得

$$\ln(\alpha_t-\alpha_\infty)=\frac{-kt}{2.303}+\ln(\alpha_0-\alpha_\infty) \tag{2-35}$$

由式(2-35)可以看出,若以 $\ln(\alpha_t-\alpha_\infty)$ 对 t 作图为一直线,从直线的斜率可求得反应速度常数 k。

三、仪器与试剂

仪器:旋光仪一台(WXG-4 型或 WZZ-1 型。它们的结构原理图及操作方法见第四章第三节旋光度的测量技术和设备),超级恒温水浴一套(如需恒温),25ml 移液管一支,150ml 锥形瓶二个,50ml 量筒一个。

试剂:蔗糖(分析纯),2mol·L^{-1} HCl 溶液(若室温在 15℃以下用 4mol·L^{-1})。

四、实验步骤

1. 用蒸馏水校正仪器的零点 蒸馏水为非旋光物质,可用以校正仪器的零点(即 $\alpha=0$ 时仪器对应的刻度),校正时,先洗净样品管,将管的一端加上盖子,并向管内灌满蒸馏水使液体形成一凸出液面,然后在管的另一端盖上玻璃片,再旋上套盖,勿使漏水,有空气泡时应排在样品管凸肚处,用滤纸将样品管擦干,再用擦镜纸将样品管两端的玻璃片擦净,然后将它放入旋光仪内。打开光源,调整目镜聚焦,使视野清楚,旋转检偏镜至观察到三分视野暗度相等为止。记下检偏镜的旋光角 α,重复测量数次取平均值,即为仪器零点。若使用 WZZ-2 自动旋光仪,只需将装好蒸馏水的旋光管放入旋光仪内,按动校正旋钮,仪器自动示零即可。

2. 蔗糖转化反应及反应过程旋光度的测定 将恒温槽和旋光仪外面的恒温套箱调节到所需的反应温度。称取 6g 蔗糖于 150ml 锥形瓶中,加水 30ml。用量筒量取 2mol·L^{-1} HCl 溶液 30ml,将此 HCl 溶液迅速倾入蔗糖溶液中,摇匀后分成两份分装在两个 150ml 锥形瓶中:在其中的一个锥形瓶中加入 HCl,当 HCl 倒出一半时开始计时,摇匀。迅速用少量反应液荡洗样品管两次,装满样品管,盖好盖子并擦净,立即放入旋光仪,测量各时间的旋光度。第一个数据要求距反应时间 1~2min,测量时将三分视野调节暗度相等后,先记录时间,再读取旋光度。

反应开始的 30min 内每 5min 测量一次,以后间隔 10min 测量一次,连续测量 1h。

3. α_∞ 的测量 在进行上述操作的空隙时间里,将另一个锥形瓶置于 50~60℃的水浴内加热 30min,使其快速反应,然后冷却至实验温度,测其旋光角即为 α_∞ 值。注意水浴温度不可过高,否则将产生副反应,颜色变黄。同时要避免溶液蒸发影响浓度,可以在锥形瓶上加一回流管,以免造成 α_∞ 值的偏差。

实验结束后,必须洗净样品管,同时做好旋光仪的保洁。

五、数据处理

1. 将时间 t,旋光角 α_t 列入表 2-11,取 8 个 α_t 数值,并算出相应的 $(\alpha_t-\alpha_\infty)$ 和 $\ln(\alpha_t-\alpha_\infty)$ 的数值。

表 2-11 蔗糖溶液转化反应的实验数据

实验温度________℃,α_∞ =

t(min)	α_t	$\alpha_t-\alpha_\infty$	$\ln(\alpha_t-\alpha_\infty)$
2			
7			
12			

续表

t(min)	α_t	$\alpha_t-\alpha_\infty$	$\ln(\alpha_t-\alpha_\infty)$
17			
22			
27			
37			
47			
57			
60			

2. 以 $\ln(\alpha_t-\alpha_\infty)$ 对 t 作图,由直线斜率求出反应速度常数 k,并计算反应的半衰期 $t_{1/2}$。

六、思　考　题

1. 实验中,用蒸馏水来校正旋光仪零点,蔗糖水解过程所测的旋光度是否需要零点校正？为什么？

2. 在混合蔗糖溶液和 HCl 溶液时,是将 HCl 溶液加到蔗糖溶液里去,可否把蔗糖加到 HCl 溶液中去？为什么？

七、实验预习

1. 旋光仪的基本原理。
2. 旋光仪的使用方法。

实验十一　乙酸乙酯皂化反应速率常数的测定

一、实验目的

1. 了解二级反应的特点,学会测定乙酸乙酯皂化反应的速率常数和活化能。
2. 熟悉电导率仪的使用,了解一种测定化学反应速率常数的物理方法——电导法。

二、实验原理

乙酸乙酯的皂化反应是典型的二级反应,其反应式为

$$CH_3COOC_2H_5 + Na^+ + OH^- \xlongequal{} CH_3COO^- + Na^+ + C_2H_5OH$$

其反应速率方程为

$$\frac{dx}{dt} = k(a-x)(b-x) \tag{2-36}$$

式中,k 为反应的速率常数,a、b 分别表示两反应物的起始浓度,x 为在时间 t 时产物的浓度。当 $a=b$ 时,式(2-36)两侧得

$$k = \frac{1}{t}\cdot\frac{x}{a(a-x)} \tag{2-37}$$

由实验测得某温度下不同 t 时的 x 值,用 $x/(a-x)$ 对 t 作图,若为一直线,则证明是二级反应,并可以从直线的斜率求出 k 值。

测定不同 t 时的 x 值,可用化学分析法(如分析反应液中 OH^- 的浓度),但比较困难;本实验用物理法即电导法测定。因为实验中,乙酸乙酯和乙醇的电导率极小,它们的浓度变化对溶液电导率的影响可忽略;反应中 Na^+ 的浓度始终不变,对溶液的电导有固定的贡献;只有电导率大的 OH^- 逐渐被电导率较小的 Ac^- 所取代,因而溶液的电导率随反应的进行逐渐降低,最后趋于定值。

在稀溶液中,强电解质电导率与其浓度成正比,假设 OH^- 和 Ac^- 的电导率与浓度的比例系数分别为 A_1 和 A_2,反应开始、某时刻 t 和终了时溶液的电导率分别为 L_0、L_t 和 L_∞,则

$$L_0 = A_1 \cdot a \qquad L_\infty = A_2 \cdot a \qquad L_t = A_1 \cdot (a-x) + A_2 \cdot x$$

解上述三式得

$$x = \left(\frac{L_0 - L_t}{L_0 - L_\infty}\right) \cdot a \tag{2-38}$$

将式(2-38)代入式(2-37)并整理得

$$L_t = \frac{1}{ka} \cdot \frac{L_0 - L_t}{t} + L_\infty \tag{2-39}$$

以 L_t 对 $(L_0 - L_t)/t$ 作图得一直线,求出直线的斜率即可求得反应速率常数 k 值。

根据同样方法,再测定另一个温度下的反应速率常数,由阿伦尼乌斯(Arrhenius)公式

$$\ln \frac{k_2}{k_1} = \frac{E_a}{R}\left(\frac{1}{T_1} - \frac{1}{T_2}\right) \tag{2-40}$$

就可以求得反应的活化能 E_a。

三、仪器与试剂

仪器:DDB-303A 型电导率仪一台(附 DJS-1C 型铂黑电极一支),恒温水浴一套,磁力搅拌器一台(附磁子一个),秒表一个,注射器(1ml 或更小)一支,100ml 锥形瓶两个,50ml 移液管一支。

试剂:乙酸乙酯(分析纯),0.01 mol·L^{-1} NaOH 溶液,滤纸少许。

四、实验步骤

1. L_0 的测定

(1)开启电导率仪预热 15min,待在使用前校准(见第四章第一节电导的测量及仪器)。

(2)在一个干洁的锥形瓶中放入一粒洁净的磁子,注入 100ml 0.01mol/L 的 NaOH 溶液,并将此瓶置于 25℃水浴中恒温 10min。

(3)插入干净的电极并接通电导率仪,测定 NaOH 溶液的 L_0 值三次(每隔 2min 读一次,三次读数相同为恒温),然后将三次 L_0 的平均值记录于表 2-12。

表 2-12 实验数据记录表

T=____℃,电导池常数=____,a =____mol/L,L_0 =____S/m

时间 t(min)
L_t($S \cdot m^{-1}$)
$(L_0 - L_t)/t$

2. L_t的测定

(1)计算配制100ml 0.01mol/L乙酸乙酯的用量[25～30℃时约需0.1ml。因为乙酸乙酯的密度d与温度T(℃)的关系:$d=0.9245-1.17\times10^{-3}T-1.95\times10^{-6}T^2$]。

(2)取出恒温槽中NaOH溶液的锥形瓶,擦干外壁水珠后放在磁力搅拌器上,用注射器量取乙酸乙酯。在搅拌的情况下,迅速注入乙酸乙酯,同时按下秒表作为反应开始,搅拌1min后,将反应液放回恒温槽内继续恒温,插入干洁的电极并接通电导率仪。

(3)在距离反应开始第5min、10min、15min、20min、25min、30min、40min、50min、60min时各测定一次L_t,记录于表2-12。

(4)L_t测定完毕,取出电极、磁子清洗干净并按指定放好,洗干净锥形瓶,关电源。

3. 反应活化能的测定(选做) 若时间允许,改变水浴温度,按上述实验步骤1、2测定30℃时的L_0和L_t。

五、数据处理

1. 数据记录 见表2-12。
2. 数据处理(作图) 以L_t对$(L_0-L_t)/t$作图,求出直线的斜率,并算出反应速率常数k值。
3. 同上1、2,求出30℃的速率常数k值,算出反应的活化能E_a。

六、思考题

1. 本实验为什么在恒温下进行?
2. 被测溶液的电导率与哪些离子的浓度有关?反应进程中溶液的电导率如何变化?
3. 如果乙酸乙酯和NaOH溶液的起始浓度不相等,应怎样计算反应速率常数k值?

七、实验预习

1. 电导率仪的使用方法。
2. 二级反应的概念。

实验十二 最大气泡法测定溶液的表面张力

一、实验目的

1. 测定不同浓度乙醇水溶液的表面张力,计算表面吸附量和溶质分子的横截面积。
2. 了解表面张力的性质、比表面吉布斯(Gibbs)函数的意义及表面张力和吸附的关系。
3. 掌握用最大气泡法测定表面张力的原理和技术。

二、实验原理

1. 比表面Gibbs函数 从热力学观点看,液体表面缩小是一个自发过程,这是使体系总的比表面Gibbs函数减小的过程。如欲使液体产生新的表面ΔA,则需要对其做功。功的大小应与ΔA成正比:

$$W=\sigma \Delta A \tag{2-41}$$

式中,σ 为液体的比表面 Gibbs 函数,亦称表面张力。它表示了液体表面自动缩小趋势的大小,其数值与液体的成分、溶质的浓度、温度及表面气氛等因素有关。

2. 溶液的表面吸附 一定温度下,纯物质降低比表面 Gibbs 函数的唯一途径是尽可能缩小其表面积。对于溶液,则可以通过溶质自动调节其表面层的浓度来改变它的比表面 Gibbs 函数。

根据能量最低原则,当溶质能降低溶剂的表面张力时,表面层溶质的浓度比溶液内部大;反之,若溶质的加入使溶剂的表面张力升高时,表面层中的浓度比内部的浓度低。这种表面浓度与溶液内部浓度不同的现象称为溶液的表面吸附。显然,在指定的温度和压力下,溶质的吸附量与溶液的表面张力及溶液的浓度有关,从热力学方法可知它们之间的关系遵守 Gibbs 吸附方程:

$$\Gamma=-\frac{c}{RT}\left(\frac{\mathrm{d}\sigma}{\mathrm{d}c}\right)_T \tag{2-42}$$

式中,Γ 为表面吸附量($\mathrm{mol\cdot m^{-2}}$);T 为热力学温度(K);c 为稀溶液浓度($\mathrm{mol\cdot L^{-1}}$);R 为气体常数。

若$\left(\frac{\mathrm{d}\sigma}{\mathrm{d}c}\right)_T<0$,$\Gamma>0$,称为正吸附;若$\left(\frac{\mathrm{d}\sigma}{\mathrm{d}c}\right)_T>0$,则 $\Gamma<0$,称为负吸附。

本实验研究正吸附情况。

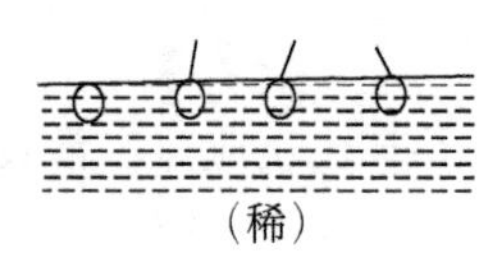

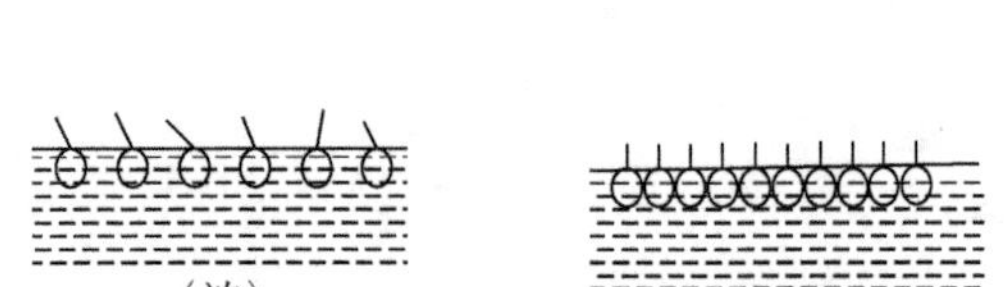

图 2-13 表面活性物质的表面吸附情况

有一类物质,溶入溶剂后,能使溶剂的表面张力降低,这类物质被称为表面活性物质。表面活性物质具有显著的不对称结构,它们是由亲水的极性基团和憎水的非极性基团构成的。对于有机化合物来说,表面活性物质的极性部分一般为—NH_3^+,—OH,—SH,—COOH,—SO_2OH 等。乙醇就属这样的化合物。它们在水溶液表面排列的情况随其浓度不同而异。如图 2-13 所示,浓度很小时,分子可以平躺在表面上;浓度增大时,分子的极性基团取向溶液内部,而非极性基团基本上取向溶液外部;当浓度增至一定程度,溶质分子占据了所有表面,就形成饱和吸附层。

以表面张力对浓度作图,可得到 σ-c 曲线,如图 2-14 所示。从图中可以看出,在开始时 σ 随浓度增加而迅速下降,以后的变化比较缓慢。

在 σ-c 曲线上任选一点 i 作切线,即可得该点所对应浓度 c_i 的斜率$(\mathrm{d}\sigma/\mathrm{d}c_i)_T$,再由式(2-40)可求得不同浓度下的 Γ 值。

3. 饱和吸附与溶质分子的横截面积 吸附量 Γ 与浓度 c 之间的关系,可用朗缪尔(Langmuir)吸附等温式表示:

$$\Gamma=\Gamma_\infty \frac{Kc}{1+Kc} \tag{2-43}$$

式中,Γ_∞ 为饱和吸附量,K 为常数。将式(2-43)取倒数可得

$$\frac{c}{\Gamma}=\frac{c}{\Gamma_\infty}+\frac{1}{\Gamma_\infty K} \tag{2-44}$$

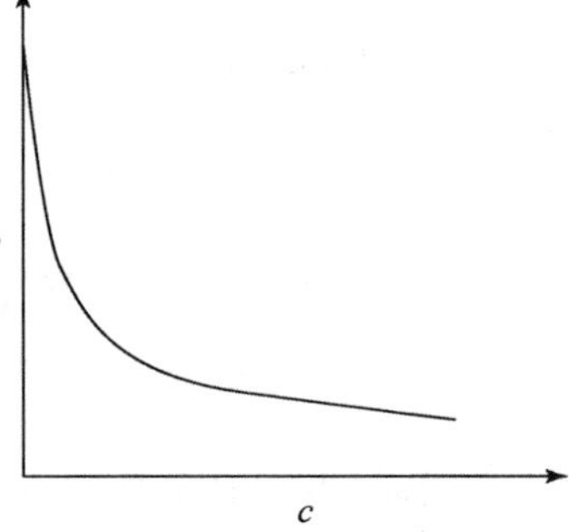

图 2-14 表面张力与浓度的关系

作 $\frac{c}{\Gamma}$-c 图,直线斜率的倒数即为 Γ_∞。

如果以 N 代表 $1\mathrm{m^2}$ 表面上溶质的分子数,则有

$$N=\Gamma_\infty N_\mathrm{A} \tag{2-45}$$

式中,N_A 为阿伏伽德罗常数,由此可得每个溶质分子在表面上所占据的横截面积:

$$s=\frac{1}{\Gamma_\infty N_\mathrm{A}} \tag{2-46}$$

因此，若测得不同浓度的溶液的表面张力，从 σ-c 曲线上求出不同浓度的吸附量 Γ，再从 $\frac{c}{\Gamma}$-c 直线上求出 Γ_{∞}，便可计算出溶质分子的横截面积 s。

4. 最大气泡法测定表面张力　测定表面张力的方法很多。本实验用最大气泡法测定乙醇水溶液的表面张力，其实验装置和原理如图 2-15 所示。

将被测液体装于测定管中，摇匀溶液并取出几滴准备测定其折光率，再使玻璃管下端毛细管端面与液面正好相切。打开抽气瓶的活塞缓缓放水抽气，测定管中的压力 p 逐渐减小，毛细管外压力 p_0 就会将管中液面压至管口，且逐渐形成气泡，直至气泡将要破裂，根据拉普拉斯(Laplace)公式，这时气泡能承受的压力差也最大：

$$\Delta p_{\max} = \Delta p_r = p_0 - p_r = \frac{2\sigma}{r} \tag{2-47}$$

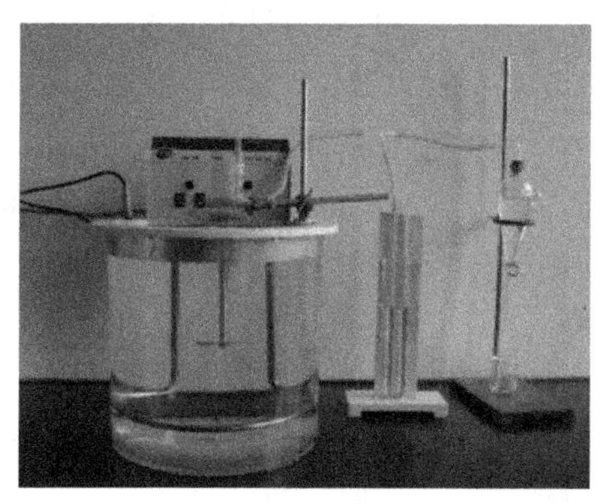

图 2-15　最大气泡法测定溶液表面张力装置

最大压力差可用 U 形压力计中最大液柱差 Δh 来表示：

$$\Delta p_{\max} = \rho g \Delta h \tag{2-48}$$

式中，ρ 为压力计中液体介质的密度。由式(2-47)和式(2-48)即得

$$\sigma = \frac{r}{2}\rho g \Delta h = K'\Delta h \tag{2-49}$$

K' 为仪器常数，可以用已知表面张力的物质测定，如水。

图 2-16　阿贝折光仪

三、仪器与试剂

仪器：表面张力测定装置一套，恒温水浴一套，阿贝折光仪一台(图 2-16)，洗耳球一个，200ml 烧杯一只。

试剂：乙醇(分析纯)或正丁醇(分析纯)。

四、实 验 步 骤

1. 按表 2-13 配制系列溶液(浓度是粗略的，由实验室预先准备好)。

2. 调节恒温槽温度为 25℃。在洗净的测定管中注入蒸馏水，使液面刚好与毛细管口相切，置于恒温水浴内恒温 5min 左右，注意使毛细管保持垂直，按图 2-15 接好系统。慢慢打开抽气瓶活塞，进行测定。注意气泡形成的速率应保持稳定，通常以每分钟 8～12 个气泡为宜。记录 U 形压力计两边最高和最低读数各三次，求出平均 $\Delta h_{水}$。

3. 测定乙醇溶液的表面张力。取一定浓度的乙醇溶液于最大气泡仪摇匀,尤其是毛细管部分,确保毛细管内外溶液的浓度一致(另外用一滴管取出几滴同时测量其折光率)。待温度恒定后,按上述蒸馏水项操作,测定其 $\Delta h_{液}$,测量次序是由稀到浓依次进行,并记录各溶液的 $\Delta h_{液}$。

4. 乙醇系列溶液的折光率测定。每次测定溶液 $\Delta h_{液}$ 的同时,用该溶液的摇匀取出液,在阿贝折光仪中测量折光率,并记录。

五、数 据 处 理

1. 根据所测折光率,按表 2-13 提供的校正系数,对每个折光率进行温度(20℃)校正,然后由实验室提供的浓度-折光率工作曲线查出各溶液的准确浓度。

2. 根据 $\sigma_{液} = K'\Delta h = \sigma_{水}\dfrac{\Delta h_{液}}{\Delta h_{水}}$ 计算各溶液的表面张力 σ 值填入表 2-13 中。

3. 作 σ-c 图,以表面张力为纵坐标,以真实乙醇百分浓度为横坐标。

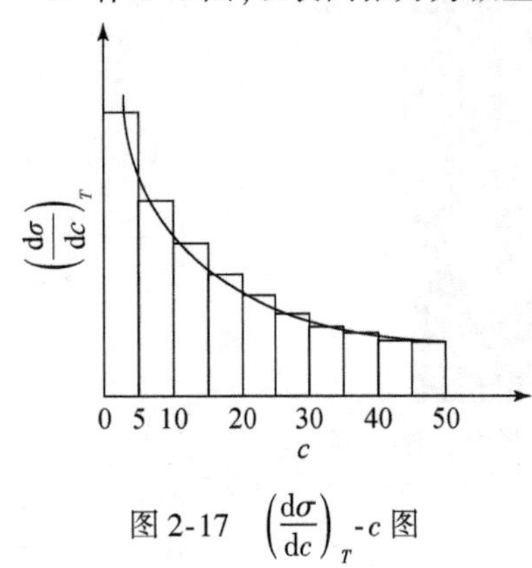

图 2-17 $\left(\dfrac{d\sigma}{dc}\right)_T$-$c$ 图

4. 在 σ-c 图的曲线上读出浓度为 5%、10%、15%…10 个点的表面张力,分别做出切线,并求得对应的斜率 $\left(\dfrac{d\sigma}{dc}\right)_T$;或以各点表面张力列表,并求得每相隔 5% 两点之间的 $\Delta\sigma$ 值,并算出各间隔的 $\dfrac{\Delta\sigma}{\Delta c}$,作 $\dfrac{\Delta\sigma}{\Delta c}$-$c$ 的台阶图,如图 2-17 所示,根据此图形状,绘出近似的光滑曲线 $\left(\dfrac{d\sigma}{dc}\right)_T$-$c$,再从图上读出 5%、10%、15%…各浓度时的 $\left(\dfrac{d\sigma}{dc}\right)_T$。

5. 根据式(2-42)求算各浓度的吸附量 Γ,并做出 $\dfrac{c}{\Gamma}$-c 图,由直线斜率求其 Γ_{∞},并计算 s 值。

表 2-13 最大气泡法实验数据

大气压____ Pa,室温____ ℃

浓度(%)	折光率 n	校正值 n'	校正浓度(%)	Δh				σ	$-\dfrac{\Delta\sigma}{\Delta c}$	$-\dfrac{d\sigma}{dc}$	Γ	$\dfrac{c}{\Gamma}$
				1	2	3	均值					
0									—			
5												
10												
15												
20												
25												
30												
35												
40												

续表

浓度(%)	折光率 n	校正值 n'	校正浓度(%)	Δh				σ	$-\frac{\Delta\sigma}{\Delta c}$	$-\frac{d\sigma}{dc}$	Γ	$\frac{c}{\Gamma}$
				1	2	3	均值					
45												
50												
55												
60												
65												
80												

六、思　考　题

1. 在测量中,如果抽气速率过快,对测量结果有何影响?
2. 如果毛细管末端插入到溶液内部进行测量是否可行? 为什么?
3. 本实验中为什么要读取最大压力差?
4. 表面张力仪的清洁与否和温度的不恒定对测量数据有何影响?

七、实 验 预 习

1. 什么是表面张力?
2. 表面张力大小受什么因素的影响?
3. 要做好最大泡压法测定溶液的表面张力实验的关键步骤有哪些?

实验十三　乳状液的制备与性质

一、实 验 目 的

1. 掌握乳状液的制备和鉴别方法。
2. 了解乳状液的性质。

二、实 验 原 理

两种互不相溶的液体,在有乳化剂存在的条件下一起振荡时,一个液相会被粉碎成液滴分散在另一液相中形成稳定的乳状液。被粉碎成的液滴称为分散相,另一相称为分散介质。乳状液总有一个液相为水(或水溶液),简称为“水”相,另一相是不溶于水的有机物,简称为“油”相。油相分散在水相中形成的乳状液,称水包油型(油/水型)。反之,称为油包水型(水/油型)。两种液体形成何种类型乳状液,这主要与形成乳状液时所添加的乳化剂性质有关。乳状液中分散相离子的大小为1～50μm,用显微镜可以清楚地观察到,因此从粒子的大小看,应属于粗分散体系,但由于它具有多相和聚结不稳定等特点,所以也是胶体化学研究的对象。

在自然界、工业生产及日常生活中人们均经常接触到乳状液，如从油井中喷出的原油，橡胶类植物的乳浆，常见的一些杀虫用乳剂、牛奶、人造黄油等。

为了形成稳定的乳状液所必须加入的第三组分通常称为乳化剂，其作用在于防止分散相液滴相互聚结。许多表面活性物质可以做乳化剂，它们可以在界面上吸附，形成具有一定机械强度的界面吸附层，在分散相液滴的周围形成坚固的保护膜使其稳定存在，乳化剂的这种作用称为乳化作用。通常，一价金属的脂肪酸皂由于其亲水性大于其亲油性，界面吸附层能形成较厚的水化层，而能形成稳定的油/水型乳状液。而二价金属的脂肪酸皂其亲油性大于其亲水性，界面吸附层能形成较厚的油化层，而能形成稳定的水/油型乳状液。

油/水型和水/油型乳状液外观是类似的，通常将形成乳状液时被分散的相称为内相，而作为分散介质的相称为外相。显然内相是不连续的，而外相是连续的。鉴别乳状液类型的方法主要有以下几种。

1. 稀释法 乳状液能为其外相液体性质相同的液体所稀释。例如，牛奶能被水稀释。因此，加一滴乳状液于水中能立即散开，说明乳状液的分散介质是水，故该乳状液属油/水型。如不立即散开，则属于水/油型。

2. 导电法 水相中一般都含有离子，故其导电能力比油相大得多。当水为分散介质，外相是连续的，则乳状液的导电能力大。反之，油为分散介质，水为内相，内相是不连续的，乳状液的导电能力很小。若将两个电极插入乳状液，接通直流电源，并串联电流表，则电流表指针显著偏转为油/水型乳状液，若电流计指针几乎不偏转，为水/油型乳状液，见图 2-18。

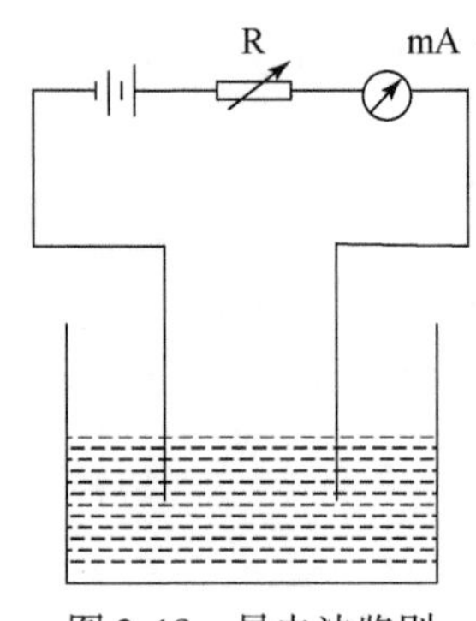

图 2-18 导电法鉴别乳状液类型

3. 染色法 选择一种能溶于乳状液中两个液相中的一个液相的染料，加入乳状液中。例如，将水溶性染料亚甲蓝加入乳状液中，显微镜下观察，分散介质呈蓝色，说明水是外相，乳状液是油/水型；若将油溶性染料苏丹红Ⅲ加入乳状液，显微镜下观察，分散介质呈红色，说明油是外相，乳状液是水/油型。乳状液无论是工业上还是日常生活都有广泛的应用，有时必须设法破坏天然形成的乳状液，如石油原油和橡胶类植物乳浆的脱水、牛奶中提取奶油、污水中除去油沫等都是破乳过程。破坏乳状液主要是破坏乳化剂的保护作用，最终使水油两相分层析出。常用的破乳方法有如下几种。

(1)加入适量的破乳剂。破乳剂往往是反型乳化剂。例如，对于由油酸镁作乳化剂而形成的水/油型乳状液，加入适量的油酸钠可使乳状液破坏。因为油酸钠亲水性强，能在界面上吸附，形成较厚的水化层，与油酸镁相对抗，互相降低它们的乳化作用，使乳状液稳定性降低而破坏。但若油酸钠加入过多，则其乳化作用占优势，则水/油型乳状液可转相为油/水型乳状液。

(2)加入电解质：不同电解质可以产生不同作用。通常在油/水型乳状液中加入电解质，可减薄分散相液滴表面的水化层，降低乳状液稳定性质，如在油/水型乳状液中加入适量 NaCl 可破乳，加入过量 NaCl 使界面吸附层的水化层比油化层更薄，则油/水型乳状液会转相为水/油型乳状液。

有些电解质与乳化剂发生化学反应，破坏其乳化能力或形成乳化剂，如在油酸钠稳定的乳状液中加入 HCl 溶液，生成油酸，失去乳化能力，使乳化状液被破坏。

(3)用不能生成牢固的保护膜的表面活性物质来替代原来的乳化剂，如异戊醇的表面活性大，但其碳链太短，不足以形成牢固的保护膜，起到破乳作用。

(4)加热：升高温度使乳化剂在界面上的吸附量降低，在界面上的乳化层减薄，降低了界面吸附层的机械强度。此外，温度升高降低了介质的黏度，增强了布朗运动，减少了乳状液的稳定性，有助于乳状液的破坏。

(5)电场作用:在高压电场作用下,使荷电分散相变形,彼此连接合并,分散度下降,造成乳状液的破坏。

三、仪器与试剂

仪器:100ml具塞锥形瓶两个,试管七支,小玻璃棒两支,载玻片两个,盖玻片两个,显微镜一台,1号电池两支,毫安表一个,电极一对。

试剂:石油醚(分析纯),植物油,氢氧化钙饱和溶液,苏丹红Ⅲ油溶液,亚甲蓝水溶液或高锰酸钾固体。

四、实验步骤

1. 乳状液的制备 取氢氧化钙饱和溶液25ml与灭菌后的植物油25ml混合,置于100ml具塞锥形瓶中,加塞用力振摇,便成乳状液(或于氢氧化钙饱和溶液中逐滴加入香油,并充分搅拌至乳白色。此乳状液是一种疗效颇佳的烫伤药)。

2. 乳状液的类型鉴别

(1)稀释法:取试管两支,分别装半管水,半管石油醚,然后用玻璃棒取乳状液少许,放入其中轻轻搅动,若为油/水型乳剂则可与水均匀混合,呈淡乳白色浑浊液。若是水/油型乳剂,则不易分散在水中,或聚结成一团附在玻璃棒上,或成为小球状浮于水面。

(2)染色法:取乳状液一滴,加苏丹红Ⅲ油溶液一滴。制片镜检,则水/油型乳状液分散介质染红色,油/水型乳状液分散相染红色。

取乳状液一滴,加亚甲蓝水溶液一滴,制片镜检,则水/油型乳状液分散相染蓝色,油/水型乳状液分散介质染蓝色。

(3)导电法:取两个干净试管,分别加入少许乳状液,按图2-18连接线路,鉴别乳状液的类型(或用电导仪分别测乳状液,观察其电导值,鉴别乳状液的类型)。

3. 乳状液的破坏和转相

(1)取乳状液2ml,放入试管中,在水浴中加热,观察现象。

(2)取2~3ml Ⅰ型乳状液于试管中,逐滴加入饱和NaCl溶液,剧烈振荡,观察乳状液有无破坏和转相(是否转相用稀释法)。

(3)取2~3ml乳状液于试管中,逐滴加入浓钠肥皂水(用开水泡肥皂制得),剧烈振荡,观察乳状液有无破坏和转相(是否转相用稀释法)。

五、数据处理

用带颜色的笔画出在显微镜下观察到的乳状液被染色的情况,并说明该乳状液类型。

六、思考题

1. 在乳状液制备中为什么要激烈振荡?
2. 乳状液的稳定性主要取决于什么?
3. 在乳状液的破坏和转相实验中,除了稀释法之外还有哪些方法可以判断是否转相?哪种方法最方便?

七、实验预习

1. 什么是乳状液？
2. 乳状液有什么特点？
3. 如何鉴别乳状液的类型？

实验十四　溶胶的制备、净化与性质

一、实验目的

1. 了解溶胶制备的简单方法。
2. 了解溶胶净化的方法及作用。
3. 熟悉溶胶的基本性质。
4. 掌握由电泳计算胶粒移动速度及电动电位的计算方法。

二、实验原理

固体以胶体分散程度分散在液体介质中即得溶胶。溶胶的基本特征：①多相体系，相界面很大；②高分散度，胶粒大小为 1～100nm；③热力学不稳定体系，有相互聚结而降低表面积的倾向。溶胶的制备方法可分为两种：一是分散法，把较大的物质颗粒变为胶体大小的质点；二是凝聚法，把分子或离子聚合成胶体大小的质点。本实验采取凝聚法制备溶胶。

制备 $Fe(OH)_3$溶胶，原理如下所示。

$$FeCl_3 + 3H_2O \longrightarrow Fe(OH)_3 + 3HCl$$

$$Fe(OH)_3 + HCl \longrightarrow FeOCl + 2H_2O$$

$$\downarrow$$

$$FeO^+ + Cl^-$$

$$[Fe(OH)_3]_n + mFeO^+ \rightarrow \{[Fe(OH)_3]_n \cdot mFeO^+ \cdot (m-x)Cl^-\}^{x+} xCl^-$$

溶液中少量的 Cl^-可以作为稳定剂离子，但太多的离子会影响溶胶的稳定性，故必须用渗析法除去。渗析采用半透膜。松香溶胶的制备原理为溶剂更换法，将乙醇松香溶液滴入水中，松香可溶于乙醇但不溶于水，在水中松香分子聚结为小颗粒。AgI 溶胶的制备是将 $AgNO_3$溶液与 KI 溶液混合，刚刚生成的细小沉淀由于搅拌来不及聚合成较大粒子，因而能成为溶胶。

溶胶的性质包括四个方面：光学性质、动力学性质、表面性质与电学性质。

溶胶属热力学不稳定体系，外加电解质时易发生凝聚，但在高分子溶液的保护下，稳定性大大加强，抗凝结能力也随之增强。溶胶粒子的带电原因有三种，即胶核的选择吸附、表面分子的电离和两相接触生电。

在外加电场的作用下，带电的胶粒会向一定的方向移动，这种现象称为电泳。解释电泳现象及电解质对胶体稳定性的影响的理论是扩散双电层理论。

双电层分为紧密层（吸附层）和扩散层，胶核为固相，胶核表面上带电的离子称为定位离子，溶液中的部分反离子因静电引力紧密地吸附排列在定位离子附近，紧密层由决定位离子和这部分反离子构成，紧密层和胶核组成了胶粒，胶粒移动时紧密层随之一起运动，紧密层的外界面称为滑移界面，滑移界面以外为扩散层。在胶团中，胶核为固相，吸附层和扩散层为液相。

扩散层的厚度则随反离子扩散到多远而定，反离子扩散得越远，扩散层越厚。从胶核表面算起，反离子浓度由近及远逐步下降，降低到浓度等于零的地方即为扩散层的终端，此处的电位等于零。

扩散双电层模型认为，反离子在溶胶中的分布不仅取决于胶粒表面电荷的静电吸引，还取决于力图使反离子均匀分布的热运动。这两种相反作用达到平衡时，形成扩散双电层。从胶核表面到扩散层终端（溶液内部电中性处）的总电位称为表面电位，从滑移界面到扩散层终端的电位称为电动电位或ζ电位。ζ电位在该扩散层内以指数关系减小。扩散层越厚，ζ电位也越大，溶胶越稳定。

若在溶胶中加入电解质，ζ电位将减少，当ζ电位小于0.03V时，溶胶即变得不稳定。继续加入过量电解质，ζ电位将改变符号，溶胶变为与原来电性相反的溶胶，称为溶胶的再带电现象。

随着电解质的加入，扩散层中的离子平衡被破坏，有一部分反离子进入紧密层，从而使ζ电位发生变化。随着溶液中反离子浓度不断增加，ζ电位逐渐下降，扩散层厚度亦相应被"压缩"变薄。当电解质增加到某一浓度时，ζ电位降为零，称为等电点，这时溶胶的稳定性最差。若继续加入电解质，则出现溶胶的再带电现象。

某些高价反离子或异号大离子由于吸附性能很强而大量进入吸附层，牢牢地贴近在固体表面，可以使ζ电位发生明显改变，甚至反号。

ζ电位的大小可衡量溶胶的稳定性。ζ电位的计算公式为

$$\zeta = \frac{4\pi\eta u}{DH} \times (9 \times 10^9) = \frac{4\pi\eta Ls}{DEt} \times (9 \times 10^9) \tag{2-50}$$

式中，D是介质的介电常数，η是介质的黏度，H为电位梯度（E/L，单位距离的电压降），E为两电极间的电位差，L为两电极间沿电泳管的距离，u为电泳的速度（界面移动速度），s为t时间内界面移动的距离，式中各物理量的单位均为SI单位。

三、仪器与试剂

仪器：电泳仪一套，电炉（300W）一只，直流稳定电源一台，具暗视野镜头显微镜一台（公用），试管架（小试管五支以上），250ml锥形瓶一个，250ml烧杯一只，800ml烧杯一只，250ml分液漏斗一只。

试剂：2% $FeCl_3$溶液，火棉胶溶液，2%乙醇松香溶液，0.01mol·L^{-1} $AgNO_3$溶液，0.01mol·L^{-1} KI溶液，0.1mol·L^{-1} $CuSO_4$溶液，1mol·L^{-1} Na_2SO_4溶液，2mol·L^{-1} NaCl溶液，0.5%白明胶溶液，稀HCl辅助液，KNO_3辅助液。

四、实验步骤

1. $Fe(OH)_3$胶体溶液的制备 在250ml烧杯中加入95ml蒸馏水，加热至沸，逐滴加入5ml 2% $FeCl_3$溶液，并不断搅拌。加完后继续沸腾几分钟，由于水解反应，得红棕色$Fe(OH)_3$溶胶。

2. 半透膜的制备 做半透膜的火棉胶使用的是纤维素与硝酸结合而成的低氮硝化纤维素，可取乙醇与乙醚各50ml混合，加8g低氮硝化纤维素，溶解即得（实验室预先制备）。也可选用市售的火棉胶溶液直接制备半透膜。半透膜的孔径大小与半透膜的干燥时间长短有关，时间短则膜厚而孔大，透过性强；时间长则膜薄而孔小，透过性弱。

取一干洁的250ml锥形瓶，倒入适量火棉胶溶液，小心转动锥形瓶，使之在锥形瓶上形成均匀薄层，倾出多余的火棉胶液倒回原瓶，倒置锥形瓶于铁圈上，让剩余的火棉胶液流尽，并让溶剂挥干，随后，在瓶口剥开一部分膜，在此膜与瓶壁间加适量水，用水使膜与瓶壁分开，轻轻取出所成之袋，即得半透膜。在袋中加入少量清水，检验袋里是否有漏洞，若有漏洞，只需擦干有洞的部分，用玻璃棒醮

少许火棉胶液补上即可。

3. $Fe(OH)_3$溶胶的净化 把制得的 $Fe(OH)_3$溶胶置于半透膜内，捏紧袋口，置于大烧杯内，先用自来水渗析 10min，再换成蒸馏水渗析 5min。

4. 松香溶胶的制备 取一支小试管，加适量水，滴 1 滴 2% 乙醇松香溶液，摇匀，即可制得松香溶胶。

5. 两种 AgI 溶胶的制备

(1) 取 20ml 0.01mol · L^{-1} $AgNO_3$溶液置 250ml 烧杯中，搅拌下，缓慢滴入 16ml 0.01mol · L^{-1} KI 溶液，制得溶胶 A。

(2) 取 20ml 0.01mol · L^{-1} KI 溶液置 250ml 烧杯中，搅拌下，缓慢滴入 16ml 0.01mol · L^{-1} $AgNO_3$ 溶液，制得溶胶 B。

6. 溶胶的性质

(1) 光学性质(丁铎尔现象)：在暗室中将 $CuSO_4$溶液、$Fe(OH)_3$溶胶、松香溶胶、AgI 溶胶、水等放入标本缸中，用聚光灯照射，从侧面观察乳光强度大小，并进行比较，区别溶胶与溶液。

(2) 动力学性质：将制得的松香溶胶滴一滴在载玻片上，加一盖玻片，放在暗视野显微镜下，调节聚光器，直到能看到胶体粒子的无规则运动(即布朗运动)。

(3) 电学性质：取一 U 形电泳管洗净，加适量 KNO_3辅助液调至活塞内无空气，从小漏斗中加入 AgI 溶胶 A，不可太快，否则界面易冲坏，等界面升到所需刻度，插上铂电极，通直流电(40V)后，观察界面移动方向，判断溶胶带什么电荷。同法观察 AgI 溶胶 B。

7. 溶胶的凝聚与高分子溶液的保护作用 凝聚：在两支小试管中各注入约 2ml $Fe(OH)_3$溶胶，分别滴加 NaCl 与 Na_2SO_4溶液，观察比较产生凝聚现象时，电解质溶液的用量各是多少。

高分子溶液的保护作用：取三支小试管，各加入 1ml $Fe(OH)_3$溶胶，分别加入 0.01ml、0.1ml 及 1.0ml 0.5% 白明胶溶液，然后加蒸馏水使三管总量相等。各再加 1ml 2mol · L^{-1} NaCl 溶液，观察哪一支试管发生凝聚，如在最前的两支试管内有凝聚现象时，则表示保护作用发生在 0.1ml 及 1.0ml 之间，为了更准确地测定，应当再用 0.2ml、0.5ml 及 0.7ml 白明胶溶液再进行试验，以此类推，最后确定保护作用是在哪一条件发生的。

8. 电泳速度与ζ电位的测定 取一 U 形电泳管洗净，加稀 HCl 辅助液调至电泳管分叉处，调整活塞内至无气泡，利用高位槽(分液漏斗)从 U 形电泳管下部加入 $Fe(OH)_3$ 溶胶，小心开启活塞，让 $Fe(OH)_3$ 缓慢上涌，不可太快，否则界面易被冲坏，直到界面升至 U 形管分叉处，可再将界面上升速度调快些，等界面升到所需刻度，关上活塞，插上铂电极，画上线，通直流电(15V)后记录时间(实验室注意观察两极有何现象，两极各发生什么反应)，待液面上升(或下降)1cm 后，记录时间，关闭电源。准确测量两电极间沿电泳管的距离 L，计算ζ电位。

五、数据处理

将实验数据记录在数据记录本上。

六、思考题

1. 制得的溶胶为什么要净化？加速渗析可以采取什么措施？
2. $Fe(OH)_3$溶胶电泳时两电极分别发生什么反应？请用电极反应方程式表示。

七、实验预习

1. 了解溶胶的特点和性质。
2. 溶胶的制备可以有哪些方法？明确其各自的制备原理。
3. 本实验成败的关键是什么？

实验十五　固液界面上的吸附

一、实验目的

1. 通过测定活性炭在乙酸溶液中的吸附，验证弗罗因德利希(Freundlich)吸附等温式。
2. 做出在水溶液中用活性炭吸附乙酸的吸附等温线，求出Freundlich等温式中的经验常数。
3. 了解固体吸附剂在溶液中的吸附特点。

二、实验原理

活性炭是一种高分散的多孔性吸附剂，在一定温度下，它在中等浓度溶液中的吸附量与溶质平衡浓度的关系，可用Freundlich吸附等温式表示：

$$\frac{x}{m}=kc^{\frac{1}{n}} \tag{2-51}$$

式中，m为吸附剂的质量(g)；x为吸附平衡时吸附质被吸附的量(mol)；$\frac{x}{m}$为平衡吸附量(mol·g^{-1})；c为吸附平衡时被吸附物质留在溶液中的浓度(mol·L^{-1})；k、n为经验常数(与吸附剂、吸附质的性质和温度有关)。

将式(2-51)取对数，得

$$\lg\frac{x}{m}=\frac{1}{n}\lg c+\lg k \tag{2-52}$$

以$\lg\frac{x}{m}$对$\lg c$作图，可得一条直线，直线的斜率等于$\frac{1}{n}$，截距等于$\lg k$，由此可求得n和k。

三、仪器与试剂

仪器：150ml磨口具塞锥形瓶六个，150ml锥形瓶六个，长颈漏斗六只，称量瓶一个，50ml酸式、碱式滴定管各一支，5ml移液管一支，10ml移液管二支，25ml移液管三支，台称一台，恒温振荡器一套，定性滤纸若干。

试剂：粉末活性炭(20~40目)，0.4mol·L^{-1} HAc溶液，0.1mol·L^{-1} NaOH标准溶液，酚酞指示剂。

四、实验步骤

1. 将六个干燥洁净的具塞锥形瓶编号，并各称入约2.0g粉末活性炭(用减量法在台秤上准确称量)。然后用滴定管按表12-14分别加入0.4mol·L^{-1} HAc溶液和蒸馏水，并立即盖上塞子，置于

25℃恒温振荡器中摇荡1h(若无振荡器,则在室温下手工振摇)。

2. 滤去活性炭,用初滤液(约10ml)分两次洗涤接收锥形瓶后弃去,收集续滤液。

3. 从各号滤液中按表2-14所列的体积取样,以酚酞为指示剂,用0.1mol·L^{-1} NaOH标准溶液各滴定两次,碱量取平均值记入表2-14。

注意事项:操作过程中应尽量加塞瓶盖,以防乙酸挥发。

五、数据处理

1. 将实验数据记入表2-14。

表2-14 活性炭对乙酸的吸附

温度____℃,大气压____Pa,NaOH溶液浓度____mol·L^{-1}

	序号					
	1	2	3	4	5	6
0.4mol·L^{-1}HAc溶液(ml)	80.00	40.00	20.00	12.00	6.40	3.20
蒸馏水(ml)	0.00	40.00	60.00	68.00	73.60	76.80
HAc溶液初浓度c_0(mol·L^{-1})						
加入活性炭量m(g)						
平衡取样量V(ml)	5.00	10.00	10.00	25.00	25.00	25.00
NaOH溶液消耗量(ml)						
HAc溶液平衡浓度(mol·L^{-1})						
$\frac{x}{m}$(mol·g^{-1})						
$\lg c$						
$\lg\frac{x}{m}$						

2. 计算吸附前各瓶中乙酸的初浓度c_0和吸附平衡时的浓度c,并按式(2-53)计算吸附量一同填入表2-16。

$$\frac{x}{m}=\frac{v(c_0-c)}{m}\times\frac{1}{1000} \tag{2-53}$$

式中,v为被吸附溶液的总体积(ml)。

3. 绘制$\frac{x}{m}$对c的吸附等温线。

4. 以$\lg\frac{x}{m}$对$\lg c$作图,从所得直线的斜率和截距,计算经验常数n和k。

六、思考题

1. 固体吸附剂的吸附量大小与哪些因素有关?
2. 在过滤分离活性炭时,为什么要弃去最初的一小部分滤液?

七、实验预习

1. 了解物理吸附与化学吸附的区别,哪种吸附需要活化能?

2. 为了提高实验的准确度应该注意哪些操作？

实验十六　电导法测定表面活性剂临界胶束浓度

一、实验目的

掌握电导法测定表面活性剂溶液的临界胶束浓度(CMC)的原理与方法。

二、实验原理

在表面活性剂溶液中，当浓度增大到一定值时，表面活性剂离子或分子发生缔合，形成胶束(或称胶团)，对于某表面活性剂，其溶液开始形成胶束的浓度称为该表面活性剂的临界胶束浓度(critical micelle concentration，CMC)。

中药制剂生产工艺过程中，常用加一定量的表面活性剂的方法，以解决药物的增溶、乳化、润湿、分散、气泡、消沫及有效成分的提取等问题。例如，中药注射剂的澄清度和稳定性等问题，中药片剂、栓剂和分散润湿能力均可通过在药液中加入适量的表面活性剂来解决。此外，中药外用膏剂、洗剂、搽剂可用改变表面活性剂种类的方法来改变药物的亲水性或亲油性，以满足治疗需要，中药抗癌药物莪术乳剂，为便于吸收可加入少量非离子型表面活性剂吐温 80 使之形成 O/W 型乳剂。所以表面活性剂种类的选择及用量的多少，直接关系到疗效和用药安全。由于表面活性剂溶液的许多物理化学性质随着胶束的形成而发生突变(图 2-19)，故将 CMC 看作表面活性剂的一个重要特性，是表面活性剂溶液表面活性大小的量度。在药物生产工艺过程中，表面活性剂的用量可用其在溶液中形成胶束所需的最低浓度(即 CMC)作为参考标准，只要测得表面活性剂在某种药液中的 CMC，即可用于指导生产。此外，测定 CMC，了解影响 CMC 的因素，对深入研究表面活性剂的物理化学性质是至关重要的。

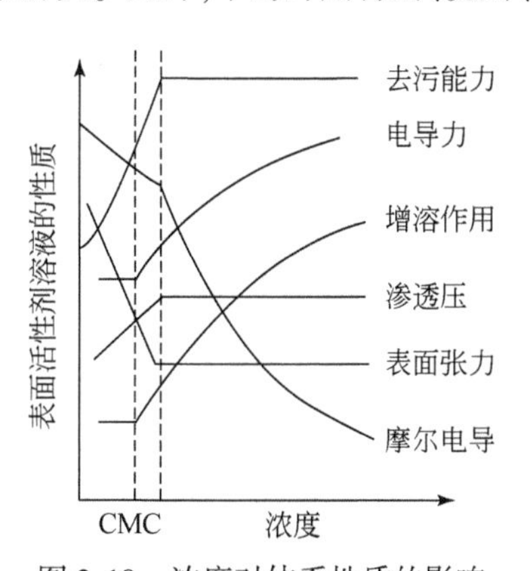

图 2-19　浓度对体系性质的影响

测定 CMC 的方法很多，原则上只要溶液的物理化学性质随着表面活性剂溶液浓度在 CMC 处发生突变，都可以利用来测定 CMC，如磁共振法、蒸气压法、溶解度法、光散射法、表面张力法、电导法、染料吸附法、紫外分光光度法及增溶法等。常用的测定方法是后五种方法。其中表面张力法已在实验十二中做过介绍，本实验应用电导法测定表面活性剂 CMC。

原则上讲，电导法仅对离子型表面活性剂适用。对于离子型表面活性剂溶液，当溶液浓度很稀时，电导的变化规律也和强电解质一样；但当溶液浓度达到 CMC 时，随着胶束的生成，电导率发生改变，摩尔电导急剧下降，这样从电导率(k)对浓度(c)曲线或摩尔电导 Λ_m-c 曲线上的转折点可方便地求出 CMC。这就是电导法测定 CMC 的依据。

三、仪器与试剂

仪器：电导率仪，容量瓶(25ml)，移液管。

试剂：氯化钾，十二烷基硫酸钠(用乙醇经 2～3 次重结晶提纯)，电导水。

四、实验步骤

1. 按第四章第一节电导的测量及仪器的要求,将电导率仪接好线路通电预热 10min 准备测量。

2. 用 25ml 容量瓶精确配制浓度范围在 $3\times10^{-3}\sim3\times10^{-2}$ mol · L^{-1}的 8 ~ 10 个不同浓度的十二烷基硫酸钠水溶液。配制时最好用新蒸出的电导水。

3. 从低浓度到高浓度依次测定表面活性剂溶液的电导率值。每次测量前电导电极都得用待测溶液涮洗 2 ~ 3 次。

五、数据处理

1. 将测得各浓度的十二烷基硫酸钠水溶液的电导率按 $\Lambda_m=\dfrac{k}{c}$ 关系式换算成相应浓度 c 时的摩尔电导,并将各数据列表。

2. 根据表中的数据作 k-c 图与 Λ_m-c 图,由曲线转折点确定 CMC 值。

3. 记录测定时的温度。

六、思考题

1. 影响本实验测定的主要因素有哪些?

2. 表面活性剂 CMC 的测定在药剂学上有何意义?

3. 本测定方法是否只适用于离子型表面活性剂?

七、实验预习

1. 掌握什么是 CMC。

2. 电导率仪的使用方法。

实验十七　黏度法测定高分子摩尔质量

一、实验目的

1. 掌握用毛细管黏度计测定高分子溶液黏度的原理和方法。

2. 测定聚乙烯醇(聚乙二醇)的黏均摩尔质量。

二、实验原理

摩尔质量是表征高分子性质的重要参数之一,但高分子几乎都是由大小不等的一系列分子所组成,所以高分子的摩尔质量是一个统计平均值。根据测量方法不同我们可以获得高分子的重均摩尔质量、数均摩尔质量等,用黏度法测得的是黏均摩尔质量,适用摩尔质量范围为 $10^4\sim10^6$。

黏度是指液体流动时所表现的阻力,反映相邻液体层之间相对移动时的一种内摩擦力。液体在流动过程中,必须克服内摩擦阻力而做功。其所受阻力的大小可用黏度系数 η(简称黏度)来表示。

高分子溶液的特点是黏度特别大,原因在于其分子链长度远大于溶剂分子,加上溶剂化作用,使其在流动时受到较大的内摩擦阻力。

高分子稀溶液的黏度是液体流动时内摩擦力大小的反映。纯溶剂黏度反映了溶剂分子间的内摩擦力,记作 η_0,高分子溶液的黏度则是高分子分子间的内摩擦、高分子分子与溶剂分子间的内摩擦及 η_0 三者之和。在相同温度下,通常 $\eta>\eta_0$,相对于溶剂,溶液黏度增加的分数称为增比黏度,记作 η_{sp},即

$$\eta_{sp}=(\eta-\eta_0)/\eta_0 \tag{2-54}$$

溶液黏度与纯溶剂黏度的比值称作相对黏度,记作 η_r,即

$$\eta_r=\eta/\eta_0 \tag{2-55}$$

η_r 反映的也是溶液的黏度行为,而 η_{sp} 则意味着已扣除了溶剂分子间的内摩擦效应,仅反映了高分子分子与溶剂分子和高分子分子间的内摩擦效应。

高分子溶液的增比黏度 η_{sp} 往往随质量浓度 c 的增加而增加。为了便于比较,将单位浓度下所显示的增比黏度 η_{sp}/c 称为比浓黏度,而 $\ln\eta_r/c$ 则称为比浓对数黏度。当溶液无限稀释时,高分子分子彼此相隔甚远,它们的相互作用可忽略,此时有关系式

$$\lim_{c\to 0}\frac{\eta_{sp}}{c}=\lim_{c\to 0}\frac{\ln\eta_r}{c}=[\eta] \tag{2-56}$$

$[\eta]$ 称为特性黏度,它反映的是无限稀释溶液中高分子分子与溶剂分子间的内摩擦,其值取决于溶剂的性质及高分子分子的大小和形态。由于 η_r 和 η_{sp} 均是无因次量,所以 $[\eta]$ 的单位是质量浓度 c 单位的倒数。

在足够稀的高分子溶液里,η_{sp}/c 与 c 和 $\ln\eta_r/c$ 与 c 之间分别符合下述经验关系式:

$$\eta_{sp}/c=[\eta]+\kappa[\eta]^2c \tag{2-57}$$

$$\ln\eta_r/c=[\eta]-\beta[\eta]^2c \tag{2-58}$$

上两式中 κ 和 β 分别称为哈金斯(Huggins)常数和克雷默(Kramer)常数。这是两直线方程,通过 η_{sp}/c 对 c 或 $\ln\eta_r/c$ 对 c 作图,外推至 $c=0$ 时所得截距即为 $[\eta]$。显然,对于同一高分子,由两线性方程作图外推所得截距交于同一点,如图 2-20 所示。

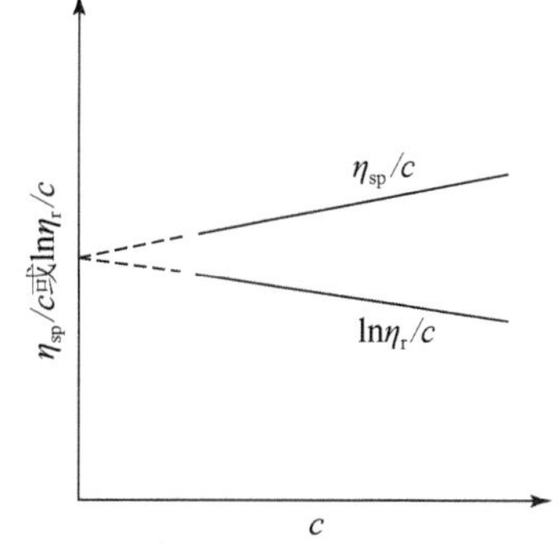

图 2-20 外推法求特性黏度图

高分子溶液的特性黏度 $[\eta]$ 与高分子摩尔质量之间的关系,通常用带有两个参数的马克-豪温克(Mark-Houwink)经验方程式来表示:

$$[\eta]=K\cdot\overline{M}_\eta^\alpha \tag{2-59}$$

式中,$\overline{M}_\eta$ 是黏均摩尔质量,K、α 是与温度、高分子及溶剂的性质有关的常数,只能通过一些绝对实验方法(如膜渗透压法、光散射法等)确定,聚乙烯醇水溶液在 25℃ 时 $K=2\times10^{-2}$,$\alpha=0.76$;在 30℃ 时 $K=6.66\times10^{-2}$,$\alpha=0.64$。

本实验采用毛细管法测定黏度,通过测定一定体积的液体流经一定长度和半径的毛细管所需时间而获得。当液体在重力作用下流经毛细管时,其遵守泊肃叶(Poiseuille)定律:

$$\frac{\eta}{\rho}=\frac{\pi hgr^4t}{8LV}-m\frac{V}{8\pi Lt} \tag{2-60}$$

式中,η(kg · m^{-1} · s^{-1})为液体的黏度;ρ 是液体密度;g 为重力加速度;h 为流经毛细管液体的平均液柱高度;r 为毛细管的半径;V 为流经毛细管的液体体积;t 为 V 体积液体的流出时间;L 为毛细管的长度;m 为毛细管末端校正的参数(一般在 $r/L\ll1$ 时,可以取 $m=1$)。

式(2-60)等号右边第二项为动能校正项。用同一黏度计在相同条件下测定两个液体的黏度时,式(2-60)可写成:

$$\frac{\eta}{\rho} = At - \frac{B}{t} \tag{2-61}$$

式中,$B<1$,当流出的时间 t 在 2min 左右(大于 100s),该项可以从略。又因通常测定是在稀溶液中进行($c<10\text{kg} \cdot \text{m}^{-3}$),所以溶液的密度和溶剂的密度近似相等,因此可将 η_r 写成

$$\eta_r = \frac{\eta}{\eta_0} = \frac{t}{t_0} \tag{2-62}$$

所以只需测定溶液和溶剂在毛细管中的流出时间就可得到 η_r。

三、仪器与试剂

仪器:恒温槽一套,乌氏黏度计一支,100ml 具塞锥形瓶两个,5ml 移液管一支,10ml 移液管二支,100ml 容量瓶一个,秒表(0.1s)一只。

试剂:聚乙烯醇(分析纯)

其他:洗耳球一只,细乳胶管二根,弹簧夹二个,恒温槽夹三个,吊锤一只。

四、实验步骤

本实验使用的乌氏黏度计如图 2-21 所示。

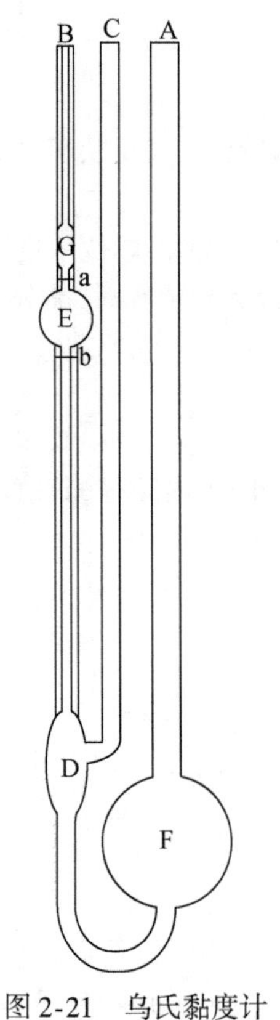

图 2-21 乌氏黏度计

1. 将恒温水槽调至 25℃。

2. 溶液配制:准确称取聚乙烯醇 0.6g(称准至 0.001g)于 100ml 具塞锥形瓶中,加入约 60ml 蒸馏水溶解,因不易溶解,可在 60℃ 水浴中加热数小时,待其颗粒膨胀后,放在电磁搅拌器上加热搅拌,加速其溶解,溶解后,小心转移至 100ml 容量瓶中,将容量瓶置入恒温水槽内,加蒸馏水稀释至刻度(或由教师准备)。

3. 测定溶剂流出时间 t_0:将黏度计垂直夹在恒温槽内,用吊锤检查是否垂直。将 20ml 纯溶剂自 A 管注入黏度计内,恒温数分钟,夹紧 C 管上连接的乳胶管,同时在连接 B 管的乳胶管上接洗耳球慢慢抽气,待液体升至 G 球的 1/2 左右即停止抽气,打开 C 管乳胶管上夹子使毛细管内液体同 D 球分开,用秒表测定液面在 a、b 两线间移动所需时间。重复测定三次,每次相差不超过 0.3s,取平均值。

4. 测定溶液流出时间 t:取出黏度计,倒出溶剂,用少量待测液润洗三次。用移液管吸取 15ml 已恒温的高分子溶液,同上法测定流经时间。再用移液管加入 5ml 已恒温的溶剂,用洗耳球从 C 管鼓气搅拌并将溶液慢慢地抽上流下数次使之混合均匀,再如上法测定流经时间。同样,依次再加入 5ml、10ml、20ml 溶剂,逐一测定溶液的流经时间。

实验结束后,将溶液倒入回收瓶内,用溶剂仔细冲洗黏度计三次,最后用溶剂浸泡,备下次用。

五、注意事项

1. 黏度计必须洁净,如毛细管壁上挂水珠,需用洗液浸泡。

2. 高分子在溶剂中溶解缓慢,配制溶液时必须保证其完全溶解,否则会影响溶液起始浓度,而导致结果偏低。

3. 溶剂和样品在恒温槽中恒温后方可测定。

4. 测定时黏度计要垂直放置,实验中不要振动黏度计,否则影响结果的准确性。

5. 测定过程中,液体样品中不可带入小气泡或灰尘颗粒,以防堵塞毛细管。

六、数据处理

1. 按表2-15记录并计算各种数据。

表2-15 实验数据记录

	编号					
	1	2	3	4	5	6
溶液量(ml)						
溶剂量(ml)						
溶液浓度						
t_1						
t_2						
t_3						
t(平均)						
η_r						
η_{sp}						
$\ln\eta_r$						
$(\ln\eta_r)/c$						
$(\eta_{sp})/c$						
$[\eta]=$	$M_\eta=$					

2. 以$(\ln\eta_r)/c$及$(\eta_{sp})/c$分别对c作图,作线性外推至$c\to0$求$[\eta]$。

在作图的过程中,结果常会出现如图2-22的异常图像,这并非完全是实验操作不规范造成的,与高聚物结构和形态及一些不太明确的原因有关。因此出现异常图像时,可按照$\eta_{sp}/c-c$的直线来求$[\eta]$值。

3. 取常数κ、a值,计算出聚乙烯醇的黏均摩尔质量$\overline{M}_\eta$。

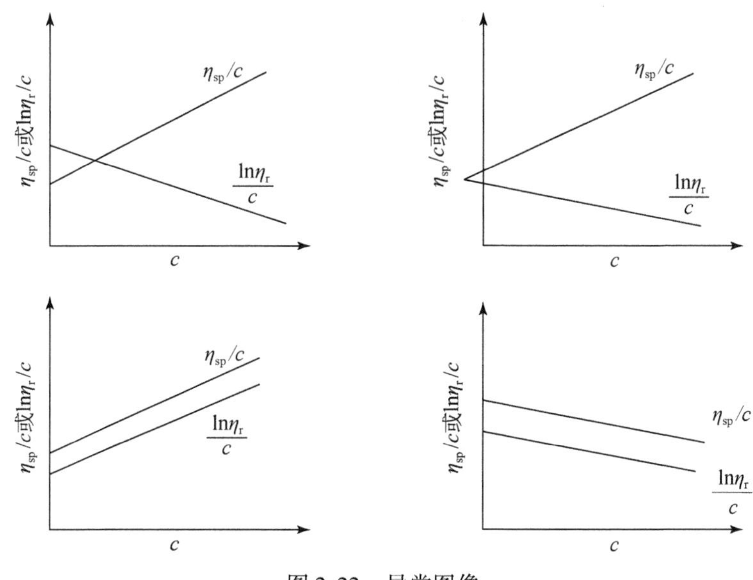

图2-22 异常图像

七、思 考 题

1. 乌氏黏度计中的支管 C 的作用是什么？能否去除 C 管改为双管黏度计使用？为什么？
2. 在测定流出时间时，C 管的夹子忘记打开了，所测的流出时间正确吗？为什么？
3. 黏度计为何必须垂直？为什么总体积对黏度测定没有影响？

八、实 验 预 习

1. 黏度计的使用方法。
2. 高分子的分子量。
3. 在黏度法测定高分子的分子量实验中，如何准确测定液体流经毛细管的时间？
4. 在黏度法测定高分子的分子量实验中，如何保证溶液浓度的准确度？

附：用奥氏黏度计测定

一、实 验 目 的

同前乌氏黏度计。

二、实 验 原 理

同前乌氏黏度计。

三、仪器与试剂

仪器：恒温槽一套，奥氏黏度计一支（图 2-23），50ml 具塞锥形瓶两个，2ml、5ml、10ml、15ml 吸量管各一支，50ml 小烧杯五只，秒表（0.1s）一只，洗耳球一只，吊锤一只。

试剂：6% 聚乙烯醇溶液 500ml。

四、实 验 步 骤

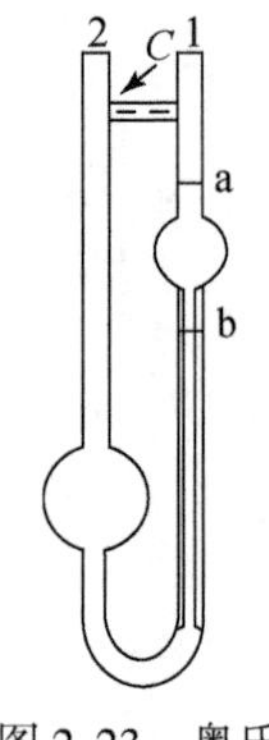

图 2-23 奥氏黏度计

1. 将恒温水槽调至 25℃。

2. 待测溶液的配制：将 6% 的聚乙烯醇溶液记为 c_0，按 c_0 的 4/5、3/5、2/5、1/5 的浓度依次在 50ml 小烧杯中用蒸馏水稀释待用。

3. 溶剂体积的确定：将黏度计垂直夹在恒温槽内，用吊锤检查是否垂直。先取 10ml 纯溶剂自 2 管注入黏度计内，洗耳球从 1 管慢慢抽气，待液体升至 a 线以上即停止抽气。测液面在 a、b 两线间移动所需时间，可设定此时间在 100～120s 为宜，若太快，可增加溶剂体积，太慢，则减少溶剂体积。将此体积确定为 V_0。

4. 测定溶剂流出时间 t_0：准确移取溶剂体积为 V_0，置黏度计内，恒温数分钟，用秒表测定液面在 a、b 两线间移动所需时间，记为 t_0。重复测定三次，每次相差不超过 0.3s，取平均值。

5. 测定溶液流出时间 t：取出黏度计，倒出溶剂，用少量待测液润洗三次。用吸量管准

确吸取 V_0 体积的待测溶液，恒温，测定流经 a，b 的时间。同样，依次逐一测定各浓度溶液的流经时间。

余均同前乌氏黏度计。

实验十八 蛋白质的盐析与变性

一、实验目的

了解蛋白质的盐析和变性的原理与方法

二、实验原理

高分子溶液（蛋白质）的浓度、高分子的形状、电解质（盐类）、pH、光、热、空气等都对高分子溶液的盐析有影响，我们主要讨论电解质的影响。

实验表明，发生盐析作用的主要原因是高分子与溶剂间的相互作用被破坏，即去水化而造成的。我们知道，在水溶液中离子都是水化的，高分子化合物中的分子也是这样，当在高分子溶液中加入适量的电解质后，一部分溶剂由于电解质的加入形成水化离子，使溶剂失去溶解高分子的性能，这样高分子物质被去水化。而高分子溶液的稳定性，主要靠包围在高分子外面的水化膜保护，一旦水化膜不能形成，则高分子溶液就要聚沉，这就是盐析现象。

高分子溶液发生盐析作用时，必须要足够多量的电解质加入，而且，电解质的去水化作用越强，其盐析能力就越大，高分子溶液盐析生成的沉淀物有一个特点，就是这种沉淀在加入溶剂后能恢复成溶液。

蛋白质的变性多半是发生在具有球形结构的物质中，物理或化学的因素都可使蛋白质发生变性。

蛋白质变性最显著的特征是分子形状发生了根本的变化，这种改变一般是分两个阶段进行的（图 2-24）。

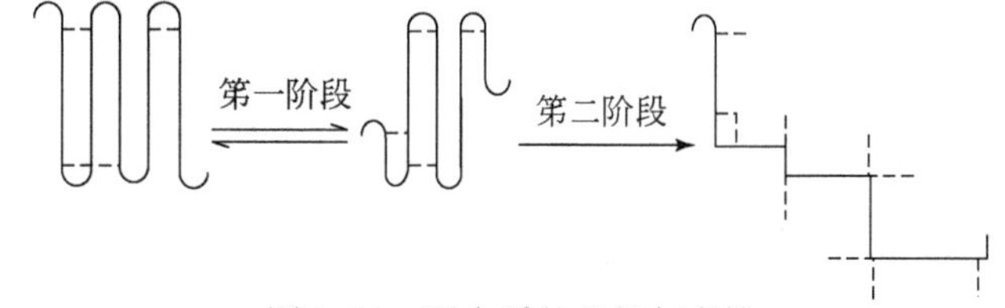

图 2-24 蛋白质的盐析与变性

第一阶段是局部的微弱的，发生在分子外部，此时蛋白质分子结构没有多大变化，故这个阶段的变性是可逆的。

第二阶段是全面的整个分子的变性，这个阶段的变性是不可逆的。

已变性的蛋白质，即丝状的线性分子很容易相互结合起来，形成整体的网状结构，使整个溶胶凝结成整块的冻状物。例如，将鸡蛋清加热（热变性）便可形成这样整块的冻状物。

三、仪器与试剂

仪器：150ml 烧杯三只，100ml 量筒一个，减压过滤器一套，离心机一台，离心管两支。

试剂：化学纯硫酸铵，鸡蛋清，滤纸。

四、实验步骤

1. 将鸡蛋清倾入烧杯中，将其搅匀，用减压过滤器过滤，将滤液分为两份。

2. 在一份滤液中逐次加入少量硫酸铵粉末，每次均要搅匀，直到粉末溶解再加第二次。当观察到溶液中析出细小的絮状蛋白质沉淀后加入硫酸铵粉末，在离心机中分离出沉淀，弃去溶液，加上蒸馏水,搅拌,观察沉淀是否溶解。

3. 将另一份滤液加热,则生成絮状蛋白质沉淀。将沉淀加入蒸馏水,观察是否溶解。

五、数据处理

1. 记录实验现象,并做出所做实验发生了何种变化的结论。
2. 由实验结果说明盐析和变性的区别。

六、思考题

1. 不同价数的电解质离子是否具有不同的盐析能力?
2. 何为高分子溶液的盐析现象?何为其变性作用?

七、实验预习

1. 蛋白质变性的原理。
2. 本实验需要注意哪些问题?

实验十九 吐温 80 水溶液表面张力及 CMC 的测定

一、实验目的

1. 掌握测绘吐温 80 水溶液比表面 Gibbs 函数与其浓度的关系曲线的方法,并学会据此求出吐温 80 在不同浓度下的吸附量及其 CMC。
2. 了解表面活性剂的吸附对溶液表面张力的影响,以及与自发过程的相关性。
3. 掌握最大泡压法测定表面张力的原理和方法。

二、基本原理

当我们从热力学角度研究溶质自动分散于溶剂中的这一现象时,如果过程是在恒温恒压且只有体积功的条件下进行的,那么最直接的理论依据就是由 Gibbs 函数得出的判据:

$$dG \leqslant -SdT + Vdp + \delta W_f$$

由此可知,这是一个 Gibbs 函数的自发过程,并且终点是 Gibbs 函数达到最小值。

对于纯组分液体,其表面层的组成与内部组成相同,也就是说,该组分在表面层与在本体中的分布完全相同。当有溶质加入其中时,情况则要复杂得多。如果溶质在溶液表面层的化学势与在本体中的化学势不同,则会产生被称为"吸附"的溶液表面层浓度不同于本体中浓度的现象,以此来调节各组分在表面层与在本体中的化学势,并使其最终达成平衡。从理论上来讲,可能出现的情况有如下三种。第一种情况:溶质因在表面层的化学势低于在本体中的化学势而较多地分布于表面层,并在达到饱和吸附量之前,始终保持在表面层的浓度高于在本体中的浓度,这种现象被定义为正吸附,此类物质亦被称为表面活性物质。第二种情况:溶质因在表面层的化学势高于在本体中的化学势而较多地分布于本体中,并始终保持在本体中的浓度高于在表面层的浓度,这种现象被定义为负吸附,此类物质亦被称为表面惰性物质。第三种情况:溶质因在表面层的化学势与在本体中的化学势相等,其在表面层与在本体中的分布完全相同。

在一定温度与压力下,溶质的吸附量与溶液的浓度及表面张力的关系服从 Gibbs 吸附等温式:

$$\Gamma = -\frac{c}{RT}\left(\frac{\mathrm{d}\sigma}{\mathrm{d}c}\right) \tag{2-63}$$

式中,Γ 为吸附量($mol \cdot m^{-2}$),σ 为表面张力(亦称为比表面 Gibbs 函数,$N \cdot m^{-1}$),T 为绝对温度(K),c 为溶液浓度($mol \cdot L^{-1}$),R 为气体普适常数 8.314($J \cdot mol^{-1} \cdot K^{-1}$)。

当 $\frac{\mathrm{d}\sigma}{\mathrm{d}c} < 0$ 时,$\Gamma > 0$,溶质发生正吸附;当 $\frac{\mathrm{d}\sigma}{\mathrm{d}c} > 0$ 时,$\Gamma < 0$,溶质发生负吸附。

吐温 80 是被用作表面活性剂的非离子性表面活性物质。一定温度与压力下,在水中加入少量吐温 80,液体的表面张力便会显著下降,并且随着吐温 80 浓度的不断增加,液体的表面张力逐渐降低。当吐温 80 在表面层的吸附达到饱和时,溶液的表面张力便达到该条件下最小值,此时溶液的浓度称为吐温 80 在水中形成胶团的最低浓度,即 CMC。

本实验应用最大泡压法,在常压和恒定温度下,测定不同浓度吐温 80 水溶液的表面张力,并以吐温水溶液的表面张力对其组成作图(图 2-25),并根据 σ-c 曲线求出特定浓度下的 $\frac{\mathrm{d}\sigma}{\mathrm{d}c}$,进而求出该浓度下的吸附量;再根据曲线上的最低点所对应的浓度求出吐温 80 于该温度压力下在水中的 CMC。

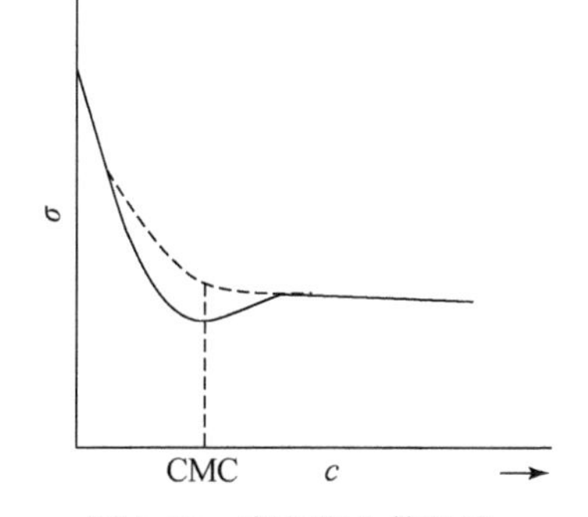

图 2-25　表面张力等温线

本实验选用的列宾捷尔表面张力测定仪所根据的原理:空气气泡从毛细管尖端脱出所需要的最大压力(p)与液体的表面张力(σ)成正比,即

$$\sigma = kp \tag{2-64}$$

式中,k 为常数,与毛细管的材质和半径有关。

如用同一毛细管测量两种液体的表面张力分别为 σ_1 和 σ_2,则

$$\sigma_1 = kp_1 \tag{2-65}$$

$$\sigma_2 = kp_2 \tag{2-66}$$

式(2-65)/式(2-66)得

$$\frac{\sigma_1}{\sigma_2} = \frac{kp_1}{kp_2} \tag{2-67}$$

又因为 p 正比于表面张力测定仪中 U 形压力计中的液面高度差 Δh,所以:

$$\frac{\sigma_1}{\sigma_2} = \frac{\Delta h_1}{\Delta h_2} \tag{2-68}$$

于是,有

$$\sigma_2 = \sigma_1 \frac{\Delta h_2}{\Delta h_1} \tag{2-69}$$

在任一温度下水的表面张力(σ_1)均可由手册查得(如 20℃时的 σ_{H_2O} 为 $72.75N \cdot m^{-1}$),与其对应的 Δh_1 可由实验测得。因此,同温度下任何浓度的吐温 80 水溶液的表面张力(σ_2),都可借助于实验测得的 Δh_2,依据式(2-69)求出。

测定表面张力的装置如图 2-26 所示。

三、仪器与试剂

仪器:超级恒温槽一套,上皿天平一台,表面张力测定仪一套,容量瓶(100ml)八个,滴管一个,

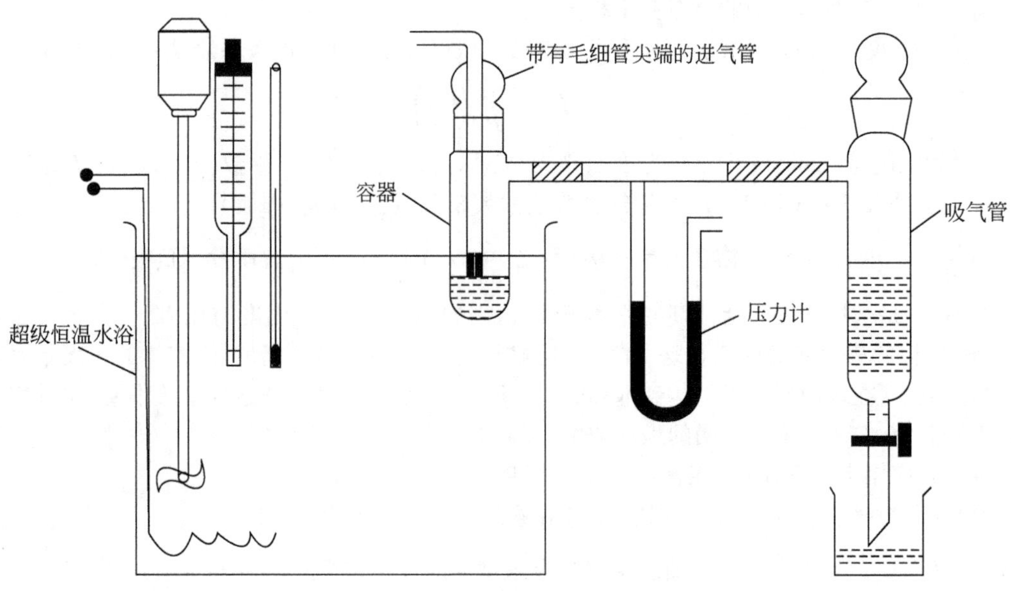

图 2-26 列宾捷尔表面张力测定器

烧杯(200ml)一只,烧杯(100ml)一只。

试剂:吐温 80(分析纯)。

四、实验步骤

1. 纯水表面张力的测定 将洁净干燥的容器,置于20℃的恒温水浴中,用滴管向其中加蒸馏水,加入的量以进气的毛细管垂直插入容器中时,其尖端刚刚接触液面为准。在吸气管中装满水。并于容器在恒温水浴中预热5min后开始测定。

慢慢转动吸气管的排水活塞,使水缓慢滴出,使测定仪系统内压力降低,导致气泡在压差的作用下产生,并从容器的毛细管尖端脱出。但当气泡从容器的毛细管尖端脱出时,系统内的压力又将增加。我们可以控制吸气管排出水的流速,使毛细管尖端脱出的气泡同时具备可数性和连续性。对于每一浓度溶液而言,必然有一个逸出频率对应最大压力差。当使空气气泡在该频率下连续逸出时,读取气泡脱出瞬间压力计中的最大柱差(即压力计中液面最高点与最低点的高度差值 Δh),共记录三次,并求出其平均值。

2. 不同浓度的吐温80水溶液的表面张力的测定 分别称取0.05g、0.1g、0.15g、0.25g、0.3g、0.4g、0.5g、0.8g的吐温80,于八个编号的洁净干燥的容量瓶中分别加蒸馏水制成100ml待测溶液,并按照"1. 纯水表面张力的测定"项下操作。

需要注意的是,测定溶液表面张力时,要按照从浓度低的溶液到浓度高的溶液顺序进行测定。测定某浓度的溶液时,一定要用此浓度溶液清洗容器两到三次,并要预热5min方可开始测定。

3. 操作注意事项

(1)于实验开始前,先调节水浴使其恒温于20℃待用。

(2)容器的毛细管尖端必须洁净,否则需用洗液或硝酸处理。

(3)每次测定时,必须严格控制毛细管与液面的相对位置,确保毛细管的尖端刚刚接触液面。

(4)每次测定时,待测液体一定预热5min,目的是确保实验过程在恒温条件下进行。

五、数据处理

1. 记录:将实验数据填于表2-16。
2. 根据实验数据运用式(2-69)计算不同浓度的吐温80水溶液表面张力(σ_2),并填入表2-16。
3. 绘制σ-c等温线(横坐标的浓度要从零开始)。
4. 在图中绘出吐温80水溶液的CMC。
5. 在σ-c曲线上取浓度c在0.1%~0.15%之间的任意一点,求出该点斜率$\left(\frac{d\sigma}{dc}\right)$,并利用Gibbs等温式求出吐温80在该浓度下的吸附量。

六、思考题

1. 本实验成败的关键因素是什么?
2. 操作过程中如将毛细管尖端插入液面过深有何影响?
3. 吐温80水溶液的σ降到最小值后,为什么又略有上升?

表2-16　实验数据表

室温________℃,实验温度________℃,大气压________Pa

	样品编号							
	1号	2号	3号	4号	5号	6号	7号	8号
吐温80(g)	0.05	0.1	0.15	0.25	0.30	0.40	0.50	0.80
浓度(%)								
压力最高点(cm)								
压力最低点(cm)								
$\overline{\Delta h}$								
σ ($N \cdot m^{-1}$)								

七、实验预习

1. 了解吐温80的结构与其水溶液配制过程需要注意的问题。
2. 提取实验步骤,并写成流程图的形式。
3. 找出容易出现误差的关键环节及可以使误差减小的操作方法。
4. 如何确定空气气泡逸出的最佳频率?

第三章　综合实验部分

实验二十　加速实验法测定药物有效期

一、实验目的

1. 应用化学动力学的原理和方法,采用加速实验法测量不同温度下药物的反应速率,根据阿伦尼乌斯公式,计算药物在常温下的有效期。

2. 掌握分光光度计的测量原理及应用。

二、实验原理

四环素在酸性溶液中(pH<6),特别是在加热情况下易产生脱水四环素:

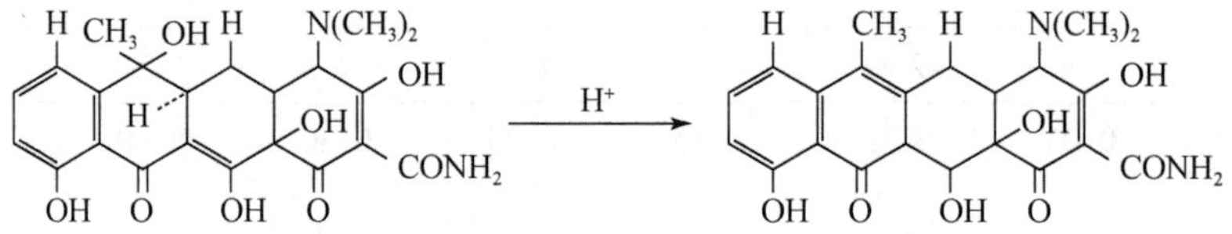

四环素　　　　脱水四环素

在脱水四环素分子中,由于共轭双键的数目增多,因此其色泽加深,对光的吸收程度也较大。脱水四环素在445nm处有最大吸收。

四环素在酸性溶液中变成脱水四环素的反应,在一定时间范围内属于一级反应。生成的脱水四环素在酸性溶液呈橙黄色,其吸光度 A 与脱水四环素的浓度呈函数关系。利用这一颜色反应来测定四环素在酸性溶液中变成脱水四环素的动力学性质。

按一级反应动力学方程式:

$$\ln \frac{c_0}{c} = kt \tag{3-1}$$

则

$$k = \frac{1}{t} \cdot \frac{c_0}{c} \tag{3-2}$$

式中, c_0 为 $t = 0$ 时反应物的浓度, $mol \cdot L^{-1}$; c 为反应到时间 t 时反应物的浓度, $mol \cdot L^{-1}$。

设 x 为经过 t 时间后,反应物消耗掉的浓度,因此,有 $c = c_0 - x$,代入式(3-2)可得

$$\ln \frac{c_0 - x}{c} = -kt \tag{3-3}$$

在酸性条件下,测定溶液吸光度的变化,用 A_∞ 表示四环素完全脱水变成脱水四环素的吸光度, A_t 代表在时间 t 时部分四环素变成脱水四环素的吸光度。则式(3-3)中可用 A_∞ 代替 c_0,($A_\infty - A_t$)代替($c_0 - x$),即

$$\ln \frac{A_0 - A_t}{A} = -kt \tag{3-4}$$

根据以上原理，可用分光光度法测定反应生成物的浓度变化，并计算出反应的速率常数 k。实验可在不同温度下进行，测得不同温度下的速率常数 k 值，依据阿伦尼乌斯公式，用 $\ln k$ 对 $\frac{1}{T}$ 作图，得一直线，将直线外推到25℃（即 $\frac{1}{298.15K}$ 处）即可得到该温度时的速率常数 k 值，据公式

$$k_{0.9} = \frac{0.1054}{k_{25℃}} \tag{3-5}$$

可计算出药物的有效期。

三、仪器与试剂

仪器：恒温水浴四套，分光光度计一台，分析天平一台，秒表一块，50ml 磨口锥形瓶二十二个，15ml 吸量管两支，500ml 容量瓶两个。

试剂：盐酸四环素，HCl（分析纯）。

四、实验步骤

1. 溶液配制：用稀 HCl 调蒸馏水为 pH=6 待用。然后，称取盐酸四环素 500mg，用 pH=6 的蒸馏水配成 500ml 溶液（使用时取上清液）。
2. 将配好的溶液用 15ml 吸量管分装入 50ml 磨口锥形瓶内，塞好瓶口。
3. 调节放置锥形瓶的恒温水浴为 80℃，每隔 25min 取一只；对在 85℃ 恒温的磨口锥形瓶，每隔 20min 取一只；对在 90℃、95℃ 恒温的磨口锥形瓶，每隔 10min 取一只。将样品用冰水迅速冷却，然后在分光光度计上于波长 $\lambda = 445$nm 处，测其吸光度 A_t，以配制的原液作空白溶液。
4. 将一只装有原液的锥形瓶放入 100℃ 水浴中，恒温 1h，取出冷却至室温，在分光光度计上 $\lambda = 445$nm 处测 A_∞。

五、注意事项

1. 严格控制恒温时间，按时取出样品。取出样品时，要迅速放入冰水中冷却以终止反应。
2. 测定溶液吸光度时，应防止比色皿由于溶液过冷而结雾，影响测定。

六、数据处理

1. 数据记录于表 3-1 中。
2. 依据所推导的式（3-4），求出各温度下的速率常数 k 值，并填入表 3-2。
3. 用 $\ln k$ 对 $\frac{1}{T}$ 作图，将直线外推至 $\frac{1}{T} = \frac{1}{298.15K}$ 即 25℃ 处，求出 25 ℃ 时 k 值，再根据式（3-5），求出 25 ℃ 时药物的有效期。

表3-1 不同温度下样品的吸光度

室温______℃,大气压______kPa

80℃		85℃		90℃		95℃	
t (min)	A_t	t (min)	A_t	t (min)	A_t	t (min)	A_t

表3-2 不同温度下反应的 k 值

	80℃	85℃	90℃	95℃
$1/T(K^{-1})$				
$k(min^{-1})$				
$\ln k$				

七、思 考 题

1. 本实验是否要严格控制温度？原因何在？
2. 经过升温处理的样品,在测定前为什么要用冷水迅速冷却？

八、实 验 预 习

1. 清楚分光光度计的使用方法。
2. 加速实验法确定药物有效期的原理是什么？

实验二十一 中药的离子透析

一、实 验 目 的

掌握中药离子透析的原理。

二、实 验 原 理

近年来临床上常用中药通过离子透析的方式来治疗疾病,此法对某些疾病的疗效很显著,在治疗中无不适之感,易于被人们所接受。

该法的治疗原理是在电场的作用下,药液中的离子向电性相反的电极迁移,离子在迁移过程中透过皮肤进入机体内部,起到治疗作用。然而,凡是起到治疗作用的离子不论是阳离子还是阴离子,都必须能透过皮肤,否则起不到治疗疾病的作用。

确定某一药物是否可用于离子透析法治疗,决定于两点:①有效成分必须是离子;②粒子大小必须小于或等于1nm。

本实验的根据:①皮肤是半透膜,人造的火棉胶也是一种半透膜,其特点是允许某些离子自由通过,而有些离子如高分子离子则不能通过,其通透性和皮肤相似,可用火棉胶代替皮肤作探讨;②离子透过半透膜进入蒸馏水中,中药离子透析液的电导率呈下降趋势;③为了加快透析速度,可应用电透析法。

三、仪器与试剂

仪器：电泳仪一台，直流稳压电源一台，电导率仪一台，安培计一台，秒表一只，石墨电极（或铂电极）两个，电键、导线若干，D–21 半透膜，1000ml 烧杯六只，100ml 烧杯三只，50ml 量筒一个。

试剂：乙醚，无水乙醇，硝化纤维（火棉胶），黄芪，当归，金银花。

四、实验步骤

1. 测定自来水的电导率　将 50ml 自来水装入 100ml 烧杯中，测定其电导率。

2. 测定蒸馏水的电导率　将 50ml 蒸馏水装入 100ml 烧杯中，测定其电导率。

3. 药液的制备　取 50g 黄芪置于 1000ml 烧杯中，加入 500ml 蒸馏水煎煮 30min，减压抽滤，取滤液备用。同法分别制备当归、金银花药液。实际药品用量可根据实验分组情况按比例进行。

4. 药液电导率的测定　将 50ml 黄芪煎煮液装入 100ml 烧杯中，测定其电导率。同法分别测定当归、金银花煎煮液的电导率。

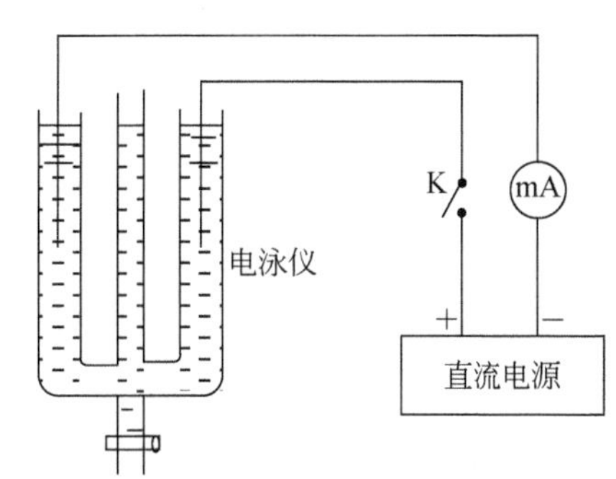

图 3-1　实验装置

5. 中药离子透析液电导率的测定　电泳仪注入一定量蒸馏水，使液面距电泳仪管口约 3cm。在制备好的两个半透膜袋中均装入 5ml 的黄芪煎煮液，分别放入电泳仪中间的管中（图 3-1），于不同时间测定其（无电场存在时的）电导率。然后将两电极插入到电泳仪两侧的支管中，按图接好线路接通电路，再于不同时间（0min、5min、10min、15min、20min、25min、30min）时测定其（有电场存在时的）电导率。用同样的方法分别测定当归、金银花的电导率。

五、数据处理

记录实验数据并填入表 3-3 ~ 表 3-6 中。

表 3-3　不同液体的电导率

样品名称	电导率（$S \cdot m^{-1}$）
自来水	
蒸馏水	
黄芪煎煮液	
当归煎煮液	
金银花煎煮液	

表 3-4　黄芪透析液电导率

无电场透析		有电场透析	
时间（min）	电导率（$S \cdot m^{-1}$）	时间（min）	电导率（$S \cdot m^{-1}$）

表 3-5 当归透析液电导率

无电场透析		有电场透析	
时间(min)	电导率($S \cdot m^{-1}$)	时间(min)	电导率($S \cdot m^{-1}$)

表 3-6 金银花透析液电导率

无电场透析		有电场透析	
时间(min)	电导率($S \cdot m^{-1}$)	时间(min)	电导率($S \cdot m^{-1}$)

六、思 考 题

为什么从皮肤给药能起到治疗疾病的效果?

七、实 验 预 习

1. 了解离子透析的原理。
2. 了解半透膜的制备方法。

附:半透膜的制备方法

仪器:锥形瓶两个,10ml 试管三支,50ml 烧杯一只。

火棉胶的配方:硝化纤维(火棉胶)1g,乙醚 15ml,无水乙醇 15ml。

制备方法:取干洁的烧杯,放入 1g 火棉胶,立即倒入 15ml 乙醚和 15ml 乙醇,搅匀,至无气泡时,静置一会儿待用。可先准备好仪器。选一个锥形瓶和三支试管,洗净烘干。冷后,在锥形瓶中倒入火棉胶液,小心转动锥形瓶,使火棉胶黏附在锥形瓶内壁形成均匀薄层。倾出多余的火棉胶液于试管中,此时锥形瓶需倒置在滤纸上,并不断旋转,待剩余的火棉胶液流尽。同样操作把火棉胶液依次倒入三支试管中,最后一支试管的火棉胶液倒入原烧杯中。然后,将锥形瓶及试管中的溶剂挥发尽,(可用电吹风的冷风吹锥形瓶及试管口,加速挥发),直到嗅不出乙醚的味为止。此时,用手指轻轻触及火棉胶膜,已不粘手。若还有乙醚未挥发完,可再用热风吹 2～3min。将锥形瓶及试管放正,往其中注满蒸馏水至满。若乙醚未挥发完全,加水过早,则半透膜呈白色,不能使用。若吹风时间过长,使膜变得干硬,易裂开。将膜浸入水中约 10min,使膜中剩余的乙醇溶去,倒去瓶中及试管中的水,然后用小刀在瓶口及试管口将膜隔开,用手指轻挑即可使膜与瓶壁脱离,再慢慢地注入水于夹层,使膜脱离瓶壁,轻轻取出即成膜袋。膜袋灌水而悬空,袋中的水应能逐渐渗出,否则不符合要求,需重新制备。

制好的半透膜,不用时要保存在蒸馏水中,否则发脆,且渗透能力显著降低。

本实验所用半透膜也可以直接购 D-21 半透膜袋。

实验二十二　沉降天平法测定 $CaCO_3$ 粉末粒子的大小及粒子分布曲线

一、实验目的

学习沉降分析的基本原理，用沉降天平法测定 $CaCO_3$ 粉末粒子的大小及粒子分布曲线。

二、实验原理

悬浮粒子在分散介质中一方面受到重力的作用，做加速运动而下沉；另一方面受到介质的阻力。当此二力相等时，粒子将匀速下沉。设粒子为球形，则有

$$\frac{4}{3}\pi r^3(\rho - \rho_0)g = 6\pi\eta r\mu \tag{3-6}$$

因而

$$\mu = \frac{2r^2 g(\rho - \rho_0)}{9\eta} \tag{3-7}$$

$$r = \sqrt{\frac{9\eta\mu}{2g(\rho - \rho_0)}} \tag{3-8}$$

此即斯托克斯（Stokes）沉降公式。式中，r 为粒子半径（cm）；ρ_0、ρ 分别为介质和粒子的密度（$g \cdot cm^{-3}$）；g 为重力加速度（$cm \cdot s^{-2}$）；η 为介质黏度（$kg \cdot m^{-1} \cdot s^{-1}$）；$\mu$ 为粒子下沉加速度（$cm \cdot s^{-1}$）。由式(3–7)可见，当介质黏度、密度及粒子的密度为已知时，测得粒子的沉降速度以后，根据式(3–8)就可计算出相应的粒子半径。

分散体系的粒子大小往往是不均匀的，为了得到分散体系的全部特征，常须测定大小不同的粒子的相对含量，即在离开液面一定高度处测定沉降量 G 随时间 t 的变化，作 G-t 曲线（沉降曲线），再用此曲线进行处理，得到粒子大小的分布曲线。测定所用仪器是扭力天平，如图 3-2 所示。

设有 5 种大小不同的粒子，每种粒子单独沉降所得的曲线如图 3-3 所示。

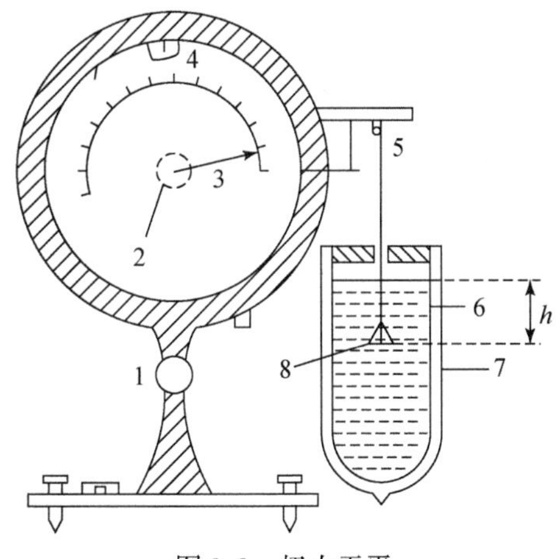

图 3-2　扭力天平

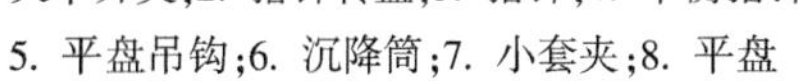
1. 天平开关；2. 指针转盘；3. 指针；4. 平衡指针；5. 平盘吊钩；6. 沉降筒；7. 小套夹；8. 平盘

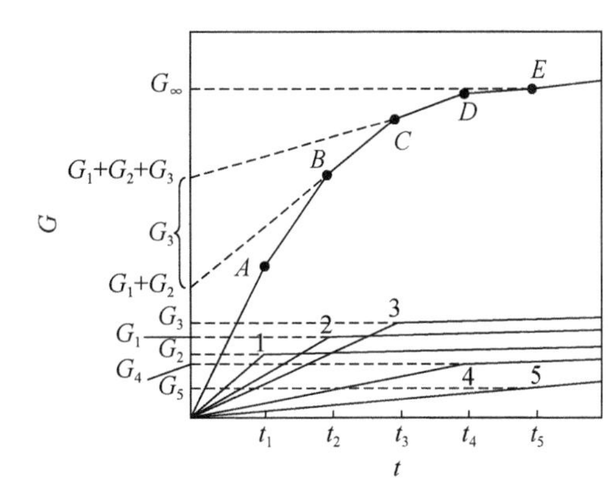

图 3-3　沉降曲线

以曲线 3 为例,在到达时间 t_3 之前,粒子将均匀沉降,到 t_3 则所有粒子均沉降完毕,平盘质量保持 G_3 不变。t_3 是使所有在 h 高度内的粒子都完全沉降所需的时间,由此可算出此种粒子的沉降速度。

$$\mu_3 = h/t_3 \tag{3-9}$$

将 μ 代入式(3-8)即可求得此种粒子的半径 r 。

当 $t<t_3$ 时,沉降曲线方程式是 $G=m_3t$,式中,m_3 是直线的斜率。

当 $t>t_3$ 时,沉降曲线方程式是 $G=G_3$。

如果样品中同时存在 5 种粒子,则变为图 3-3 中上面一条沉降曲线。在任何时间曲线上的某一个点的沉降量,就相当于同时间 5 条曲线上相应点的沉降量之和。以线段 BC 为例,此线段上的任一点的沉降量是

$$G = (m_3 + m_4 + m_5)t + G_1 + G_2 \tag{3-10}$$

线段 BC 与 t_2、t_3 间的沉降曲线相切,由式(3-10)的直线方程可知,其延长线与纵轴的交点即为 $G_1 + G_2$,这就是在时间 t_2 已完全沉降的粒子量,线段 CD 的延长线与纵轴的交点代表 $G_1 + G_2 + G_3$。这两个交点之差就等于 G_3,即相当于半径为 r_3 的粒子量。

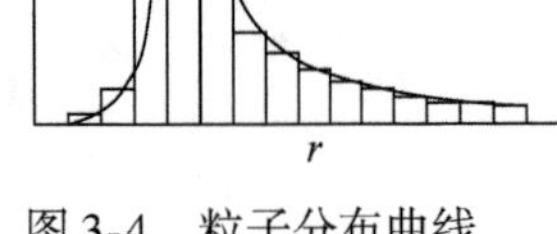

图 3-4 粒子分布曲线

实际上粒子的分散度是很高的,其沉降曲线应是平滑的曲线,由上述分析很容易推广到这种情况。

为了做出粒子大小的分布曲线(图 3-4)需要求得分布函数 $f(r)$,用来表明半径 r 到 $r + \mathrm{d}r$ 之间的粒子质量占粒子总质量 G_∞ 的分数

$$f(r) = \frac{1}{G_\infty} \cdot \frac{\mathrm{d}G}{\mathrm{d}r} \tag{3-11}$$

以 $\dfrac{\Delta G_i}{G_\infty \cdot \Delta r_i}$ 对平均半径 $r = \dfrac{r_i + r_{i+1}}{2}$ 作图,根据折线形状可做出一条平滑的分布曲线,该曲线是 $f(r)$ 的近似图形,所取的点越多,近似程度越高。

G_∞ 是沉降完毕平盘上粒子的总质量。但由于细小粒子沉降很慢,需很长时间才能沉降完毕,故通常作图用外推法求 G_∞ 。

对沉降分析最大的干扰是液体的对流(包括机械的和热的原因引起的)和粒子的聚结,保持体系温度恒定可以减少热对流,添加适当的分散剂(多为表面活性剂)可防止粒子聚结,分散剂的类型和量必须经过试验,添加量一般不宜超过 0.1%,以免影响体系的性质。用于分析液体的介质不应与粒子反应或使粒子溶解,其黏度和密度应与粒子密度结合起来考虑,使其有一定的沉降速度。

沉降分析只适于颗粒大小为 1 ~ 50μm 的范围、固体浓度不宜大于 100% 的液体,以保证粒子自由沉降。实际粒子往往并非球形,故测得的只能称为粒子的相当半径。

三、仪器与试剂

仪器:JN-A-500 型扭力天平(0 ~ 500mg)一台,玻璃沉降筒及恒温水夹套,秒表一只,小平盘,搅拌器,500ml、10ml 量筒各一个,400ml 烧杯一只,表面皿,角匙。

试剂:$CaCO_3$ 试剂粉末,5% $Na_4P_2O_7$ 溶液(或 5% 阿拉伯树胶溶液)。

四、实 验 步 骤

1. 调整好天平的水平,打开开关 1,调整指针转盘 2,当天平达到平衡时,平衡指针 4 应与零线重

合，指针3的读数即为所称的质量。

2. 沉降筒中装好经煮沸冷却后的蒸馏水500ml，5% $Na_4P_2O_7$ 6ml（5%阿拉伯树胶2ml）；将平盘挂在平盘吊钩5上，悬于沉降筒正中，平盘距沉降筒底约20mm，打开开关1，转动指针转盘2使指针3指零，打开指针转盘2的调零盖，用螺丝刀转动调零螺钉，使平衡指针4与零线重合，同时从沉降筒壁的标尺上读出平衡时平盘至水面的高度 h，然后取出平盘，记下水温。

3. 在台秤上称取约3g $CaCO_3$ 粉末，在研钵中研细后（3～5min）置于400ml烧杯中。

4. 将沉降筒中的水倒入烧杯中，往返倾倒数次，使 $CaCO_3$ 粉末在整体液体中分布均匀后，迅速将沉降筒放在天平侧原位，将平盘浸入筒内并挂在钩上，在平盘浸入液体1/2深度时打开停表，开始计时。

5. 不断转动指针转盘2，称量沉降在小盘上的重量，使平衡指针时时处于零线，在30s时读第一沉降重量，以后的读数时间皆为前一次时间的 $\sqrt{2}$ 倍，即42″、1′、1′25″、2′…直到大部分液体基本变清（约需2.5h），相邻两读数值变化很小为止。

6. 结束实验，关闭天平，清洗沉降筒及小盘。

在实验中应注意将小盘浸入沉降筒中时，使其位置在横截面中心，并保持水平，靠近筒壁的颗粒在沉降时不遵守Stokes沉降公式，同时，底盘不能有气泡。

五、数 据 处 理

（1）将实验数据记入表3-7；根据有关公式求得各有关数据填入表3-7内。

表3-7　实验数据记录表

实验温度__________℃，气压__________Pa

序号	读数时间 t(s)	沉降量 G(mg)	沉降速度 μ_1 (cm·s^{-1}) $\left(\mu_i=\frac{h}{t_i}\right)$	粒子半径 r_i (cm)	$r_{平均}=\frac{r_i+r_{i+1}}{2}$	$\Delta r_2=r_i-r_{i+1}$	ΔG_i	$f(r)=\frac{\Delta G_i}{G_\infty \Delta r_i}$

（2）以沉降时间 t 为横坐标，沉降量 G 为纵坐标，做出光滑的沉降曲线，沉降量的极限值 G_∞ 可用作图法求得，即在沉降曲线轴左作 G-$\frac{A}{t}$ 图（A 为任意常数，如令 $A=1000$），由 t 值较大的各点作直线外推与纵轴相交，即为 G_∞，如图3-5所示。

（3）在沉降曲线上过适当的点（一般取12～15个点）作切线交于纵轴，求得各 ΔG_i，同时求得各点的沉降速度 μ_i 和粒子半径 r_i。

（4）以 $r_{平均}$ 对 $\frac{\Delta G_i}{G_\infty \Delta r_i}$ 作图，绘出粒子分布曲线。

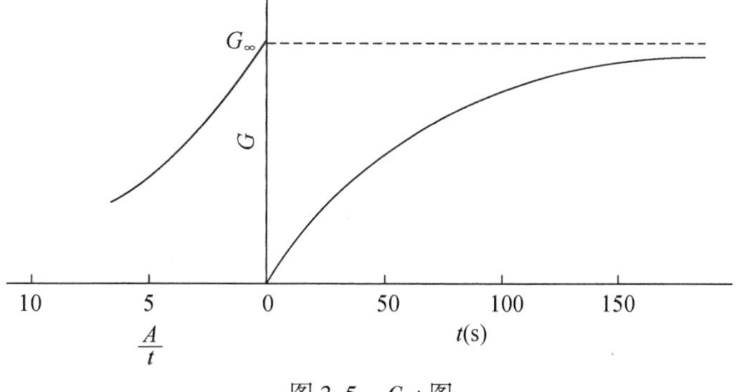

图3-5　G-t 图

六、思 考 题

1. 如果粒子不是球形的,则测得的粒子半径意义如何?如果粒子之间有聚结现象,对测定有何影响?

2. 粒子含量太多,或粒子半径太小或太大,对测定有何影响?

3. 什么原因会引起液体对流?什么原因会引起粒子聚结?如何减少它们对测定的影响?

七、实验预习

了解沉降分析的基本原理。

实验二十三 等电聚焦电泳鉴别紫苏子及其混伪品荠苧子

一、实验目的

1. 掌握等电聚焦电泳方法的原理。
2. 学习并初步掌握聚丙烯酰胺凝胶等电聚焦法。
3. 应用该电泳方法鉴别中药紫苏子及其混伪品。

二、实验原理

等电聚焦(isoelectric focusing,IEF)又称为聚焦电泳(focusing electrophoresis)。凝胶等电聚焦,一般是指用聚丙烯酰胺凝胶作抗对流介质,利用两性电解质载体“Ampholine”在直流电场能形成稳定的 pH 梯度,使具有不同等电点的混合样品(如蛋白质等)分开并浓缩(即聚焦)的一种电泳方法。

等电聚焦电泳中,常用的两性电解质 Ampholine 是脂肪族、多氨基、多羟基化合物的异构物和同系物的混合品,它们的等电点各异,又相互接近。其 pH 范围为 2.5~11。在电泳过程中,Ampholine 被电极液限制在凝胶中,在电场的作用下,它们将按照其等电点,由大到小,从阴极到阳极,自动排列。结果导致在凝胶内形成一个稳定而连续的 pH 梯度。

中药果实种子和动物类药材富含蛋白质。这种蛋白质也属于两性电解质,它带电荷的性质和多少,随药材种类不同而异并随其所处的环境的 pH 而变化。在一个连续 pH 梯度中,蛋白质处在 pH 低于等电点的位置时,带正电荷,在电场中向阴极方向泳动;处在 pH 高于其等电点的位置时带负电荷,在电场中向阳极泳动。这两种方向的泳动,实际上都是向与其等电点相同的 pH 位置迁移。在迁移过程中,所带的净电荷随环境 pH 的变化逐渐减少,泳动越来越慢,当迁移到与其等电点相同的 pH 位置时,净电荷减少到零,因此就停留在这个位置上,聚集在一起,这就是“聚焦”。这样各种不同等电点的蛋白质,最后都到达各自相应等电点的位置,如图 3-6 所示。

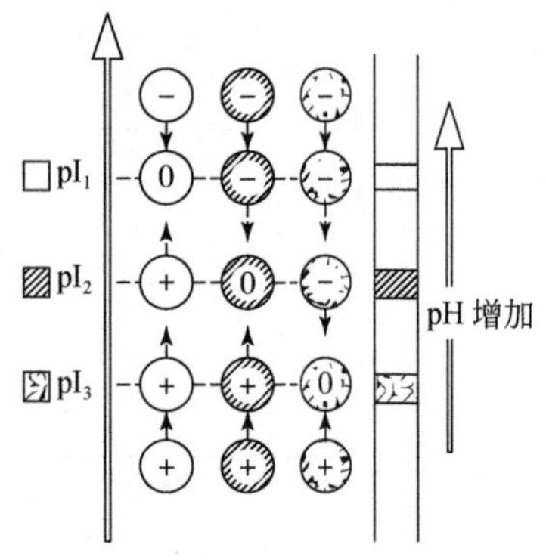

图 3-6 蛋白质在电场中等电聚焦示意图

本实验利用等电聚焦技术对紫苏子及混淆品两者含有的蛋白质类成分进行分析,依据其电泳谱带的明显差异对两者做出准确鉴定。

三、仪器与试剂

仪器:ECP-2000 型电泳仪。

试剂:丙烯酰胺,甲叉双丙烯酰胺,过硫酸铵,四甲基乙二胺,考马斯亮蓝 R_{250},两性电解质 Ampholine(pH 为 3.5 ~ 10),5% 磷酸缓冲液,5% 乙二胺缓冲液,其他试剂还有如 20% 三氯乙酸等。圆盘电泳槽见图 3-7。

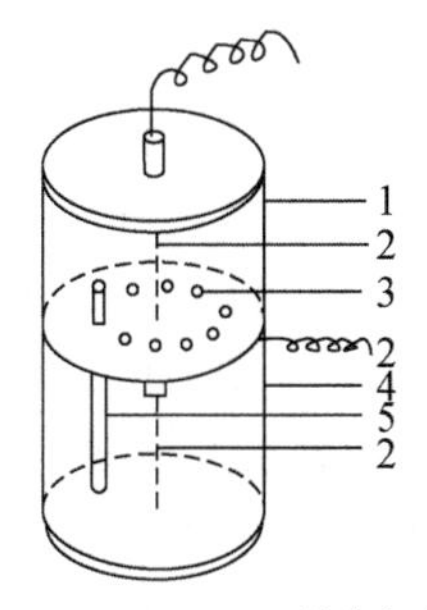

图 3-7 DYY-27A 型圆盘电泳槽
1. 上槽;2. 电极丝;3. 样品管孔;4. 下槽;5. 样品管

四、实 验 步 骤

1. 凝胶系统溶液的配制

(1)称取丙烯酰胺 30g,甲叉双丙烯酰胺 0.8g 于 100ml 容量瓶内定容至刻度,得 30.8% 的凝胶母液。

(2)制备饱和过硫酸铵(钾)溶液。

(3)10% 的四甲基乙二胺溶液:取 5ml 四甲基乙二胺液稀释至 50ml,得到 10% 的四甲基乙二胺溶液。

(4)样品溶液的配制:分别称取紫苏子和葶苈子 0.6g,置于不同的研钵中研细,再加入生理盐水 5ml 用力研磨成匀浆并在离心机中($3500r \cdot min^{-1}$)离心 15min。取上清液装入半透膜进行透析脱盐(时间为 8 ~ 10h)同时注意样品编号。

2. 制胶

(1)将干净的细玻璃管(0.5cm×10cm)用带短玻棒的乳胶管封闭其下端,垂直立于玻管架上。

(2)按表 3-8 比例,将各试液先加入 20ml 烧杯中,加完蒸馏水后,再加 10% 四甲基乙二胺液 0.1ml,最后加入样品液 0.3ml,过硫酸钾(饱和)液 0.1ml。摇匀即得凝胶液。

表 3-8 等电聚焦制胶

30.8% 凝胶母液	2ml
两性电解质	0.3ml
蒸馏水	3ml
10% 四甲基乙二胺溶液	0.1ml
过硫酸钾(饱和)	0.1ml
样品液	0.3ml

(3)用长滴管吸取上述凝胶液,小心滴加到玻璃管内,使凝胶层达 8cm,用手指轻弹玻璃管下端,以排除可能存在的气泡,随后加入适量的水封口(水层厚度 1cm),以隔绝空气并使凝胶面平整,静置 45min 使凝胶完全聚合。按同样的方法,制备含有另一种样品的凝胶条。

3. 聚焦

(1)将聚合完全的凝胶管除去下端的带短棒的乳胶管,并用吸管吸去上端的水,然后用滴管吸取上层电极液(5% 的磷酸缓冲液),洗涤凝胶管的上端三次,吸取下电极液(5% 乙二胺缓冲液),洗涤凝胶管的下端三次,洗涤后将玻璃管按统一的方法插入电极槽底板各同心橡皮圆孔内,并密封好此圆孔。

(2)按要求加电极液,上、下电极液不得搞混弄错,排除上、下管口所留有的气泡,上电极槽内电极液应能浸没凝胶管,下电极槽的电极液以浸入凝胶管3/5为宜。

(3)通电聚焦:接通电源,按上(+)、下(-)调整电流使每管为3~3.5mA,聚焦3h以上,直到电流变小且恒定在0的位置,切断电源。

(4)细心取出凝胶条,并注意标出凝胶条的两端的极性。

4. 凝胶条的处理 将取出的凝胶条立即用20%的三氯乙酸固定30min,则凝胶条上就会出现样品蛋白质的“聚焦”谱带(为便于观察可用考马斯亮蓝R_{250}染色)。

五、数据处理

根据“聚焦”谱带的差异对紫苏子及混淆品做出鉴别。

六、思考题

1. 在等电聚焦电泳中,稳定的pH梯度是如何建立的?
2. 在等电聚焦电泳中,为何可以把样品液混入凝胶母液?这样的点样方法有何优点?
3. 在等电聚焦电泳中,当“聚焦”完成后继续进行一定时间的电泳,样品是否会聚到电极液中去?

七、实验预习

了解等电聚焦电泳方法的原理。

实验二十四 微乳液的制备及一般性质实验

纳米物质的独特性质使它在许多领域有着广阔发展前景。在药学领域,纳米技术可以显著提高药物的生物利用度,改变药物的体内分布形式,使其透过血脑屏障等。使本科学生尽早了解纳米体系的制备及其性能显然是势在必行。微乳状液简称微乳或纳米乳,是纳米分散体系形式之一,它既是一种液体纳米分散系又是制备固体纳米粒的重要手段,既可以作为液体药物的一种纳米给药形式也可以作为固体药物的载体。通过本实验,可使大家初步了解微乳液的制备及其纳米分散系的基本特性。

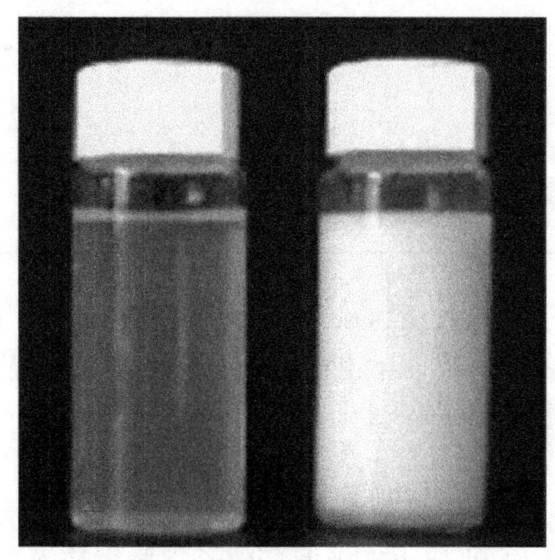

a b

图3-8 某药物的微乳与普通乳

a. 微乳;b. 普通乳

一、实验目的

1. 掌握微乳的制备方法。
2. 了解微乳液与乳状液的性能差异。

二、实验原理

微乳液是两种互不相溶液体与双亲化合物组成的一种各相同性的、热力学稳定的、透明或半透明的胶体分散系统,如图3-8所示,它通常是由水、油、表面活性剂和助表面活性剂组成。

根据热力学理论,乳状液不能自发形成。因此,要使一个油/水体系变成乳液,必须有外界做功,而微乳液却能自发形成,将油相、水相、乳化剂及助乳化剂按一定组成混合即可,不需剧烈振摇或搅拌,无须外界做功。微乳能自发形成的原因,目前一般认为在表面活性剂的存在下,油/水界面张力一般可下降到几个 $mN \cdot m^{-1}$,这时能形成普通乳状液。但在助表面活性剂(如醇)的存在下,根据多组分体系的 Gibbs 界面吸附公式:

$$-d\sigma = \sum \Gamma_i d\mu_i = \sum \Gamma_i RT d\ln c_i \tag{3-12}$$

式中,σ 为油/水界面张力,Γ_i为 i 组分在界面的吸附超量。μ_i为 i 组分的化学位,c_i为 i 组分在体相中的浓度。

可见助表面活性剂能在界面产生混合吸附,促使界面张力将进一步下降至超低($10^{-3} \sim 10^{-5} mN \cdot m^{-1}$),直至产生瞬时负界面张力($\sigma<0$)。由于负界面张力是不能存在的,因此体系将自发扩张界面,使更多的表面活性剂和助表面活性剂吸附于界面而使其体积浓度降低,直至界面张力恢复至零或微小的正值。

另一个重要的因素是质点的分散熵。形成微乳液时,分散相以很小的质点分散在另一相中,导致体系的熵增加。这一熵效应可以补偿因界面扩张而导致的自由能增加。

微乳液是一个多组分体系,通常为四元体系。通过改变体系的变量,分别能出现单相区、微乳区和双相区。这些相区边界的确定是微乳液研究中的一个重要方面,通常方法是向含乳化剂及助乳化剂的油相中不断滴加水,通过检测体系相行为的变化来确定边界点,然后绘制相图,确定微乳液形成范围。相图是研究微乳液的最基本工具。

本实验是在确定的表面活性剂溶液浓度条件下,改变油相和表面活性剂溶液质量比,通过眼睛直接观察在滴加水过程中体系外观的变化,记下水体积数。随着油水质量比的变化,体系将产生出不同的相行为,理想的变化:澄清透明的表面活性剂溶液+油的单相体系 → 透明或半透明的淡蓝色 W/O 型微乳液 → 浑浊乳白色 W/O 型乳液→澄清的单相体系 → 透明或半透明的淡蓝色 O/W 型微乳液 → 浑浊乳白色 O/W 型乳液,直至浑浊现象不再消失为止。虽然这是一个四组分体系,但表面活性剂与助乳化剂的比例是固定不变的,所以我们可将上述数据绘制成拟(或假)三元相图,从而得出微乳液形成区域。

三、仪器与试剂

仪器:普通显微镜,超显微镜,离心机,恒温水浴锅,50ml 三角烧瓶九个,2ml、5ml、10ml 移液管各一支,磁力搅拌器,10ml 酸式滴定管。

试剂:水杨酸甲酯(冬绿油,分析纯),吐温 80(分析纯),异丙醇(分析纯),二次蒸馏水。

四、实 验 步 骤

1. 微乳区的测定　滴定:按 V(吐温 80):V(异丙醇)= 1:1 混合,制备成表面活性剂溶液。按表面活性剂溶液体积(V_s):水杨酸甲酯体积(V_o)= 1:9、2:8、3:7、…、7:3、8:2、9:1 取样,分别混合摇匀。编号分别为 1、2、3、…、9。可任取一体系,在搅拌下,滴加蒸馏水,分别将产生现象变化时水的临界体积数(V_c)记入表 3-9 中(如体系由澄清变为淡蓝色乳光,由淡蓝色乳光转变为浑浊等)。依次将各样品滴完。

表 3-9 实验数据

编号	V_s(ml)	V_o(ml)	V_c(ml)			
			澄清	浑浊	乳光	浑浊
1	1	9	0			
2	2	8	0			
3	3	7	0			
4	4	6	0			
5	5	5	0			
6	6	4	0			
7	7	3	0			
8	8	2	0			
9	9	1	0			

2. 微乳液和乳状液制备 制备微乳液：取上述微乳区中任意一点，按其组成混合后稍加摇动，观察是否自发形成微乳。按同样的油水及吐温 80 体积比将各组分混合，但无异丙醇，稍加摇动，观察能否形成乳状液，然后再加以搅拌并制备该乳状液。

3. 稳定性试验

（1）取 2. 步骤制备的中微乳液和乳状液，分别置离心机内离心，以 3000～4000r · min^{-1} 的转速，离心 10min，观察有无分层现象。

（2）取 2. 步骤制备的中微乳液和乳状液各 5ml 分别置于两支 10ml 试管中，水浴加热，再冷至室温，观察有无分层现象。

4. 显微观察 取 2. 步骤制备的中微乳液和乳状液分别制片，置普通显微镜下观察，再将微乳液置超显微镜下观察有何现象。

五、数据处理

三元相图绘制：由表 3-9 中数据计算上述各体系中油、水、表面活性剂溶液在临界点的质量分数，根据各物质质量分数可绘制出拟三元相图，得到微乳液形成区域。

六、思考题

1. 什么是纳米分散系？
2. 微乳体系为什么能自发形成？

七、实验预习

微乳体系形成的机制。

第四章　实验技术与设备

第一节　电导的测量及仪器

电解质电导是熔融盐和碱的一种性质，也是盐、酸液和碱水溶液的一种性质。电导这个物理化学参量不仅反映了电解质溶液中离子存在的状态及运动的信息，还由于稀溶液中电导与离子浓度之间的简单线性关系，而被广泛用于分析化学与化学动力学过程的测试。

一、电导及电导率

电导是电阻的倒数，因此电导值的测量，实际上是通过电阻值的测量再换算的。溶液电导测定，由于离子在电极上会发生放电，产生极化，因而测量电导时要使用频率足够高的交流电，以防止电解产物的产生。所用的电极镀铂黑减少超电位，并且用零点法使电导的最后读数是在零电流时记取，这也是超电位为零的位置。

对于化学家来说，更感兴趣的量是电导率。

$$k=L\cdot\frac{l}{A} \tag{4-1}$$

式中，l 为测定电解质溶液时两电极间距离，单位为 m；A 为电极面积，单位 m^2；L 为电导，单位 S（西门子）；k 为电导率，单位 $S\cdot m^{-1}$（西门子每米），指面积为 $1m^2$，两电极相距 1m 时，溶液的电导。

电解质溶液的摩尔电导率 Λ_m 是指把含有 1mol 的电解质溶液置于相距为 1m 的两个电极之间的电导。若溶液浓度为 $c(mol\cdot L^{-1})$，则含有 1mol 电解质溶液的体积为 $10^{-3}/c(m^3)$。摩尔电导率的单位为 $S\cdot m^2\cdot mol^{-1}$。

$$\Lambda_m=\kappa\times\frac{10^{-3}}{c} \tag{4-2}$$

若用同一仪器依次测定一系列液体的电导，由于电极面积（A）与电极间距离（l）保持不变，则相对电导就等于相对电导率。

二、电导的测量及仪器

（一）测量原理

1. 交流电桥法　测定电解质溶液电导时，可用交流电桥法，其简单装置如图 4-1 所示。将待测溶液装入具有两个固定的镀有铂黑的铂电极的电导池中，电导池内溶液电阻为

$$R_x=\frac{R_2}{R_1}\cdot R_3 \tag{4-3}$$

因为电导池的作用相当于一个电容器，所以电桥电路就包含一个可变电容 C，调节电容 C 来平

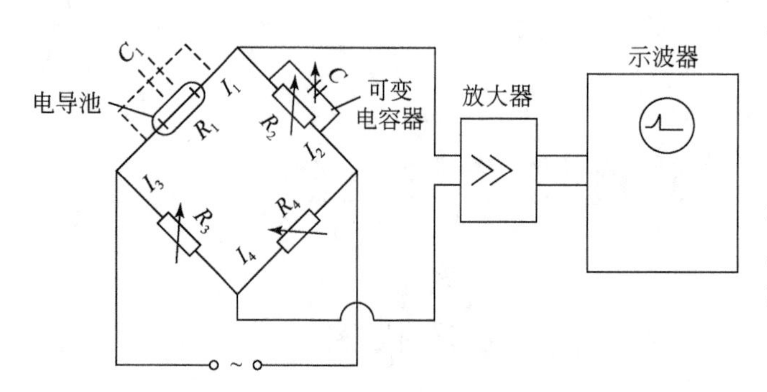

图 4-1 交流电桥装置示意图

衡电导池的容抗,将电导池接在电桥的一臂,以 1000Hz 的振荡器作为交流电源,以示波器作为零电流指示器,(不能用直流检流计),在寻找零点的过程中,电桥输出信号,十分微弱,因此示波器前加放大器,得到 R_x 后,即可换算成电导。

2. 分压电阻法 由图 4-2 可得

$$E_m = \frac{ER_m}{R_m + R_x} = \frac{ER_m}{R_m + \dfrac{Q}{\kappa}} \qquad (4\text{-}4)$$

由式(4-4)可知,当 E、R_m 和 Q 均为常数时,由电导率 κ 的变化必将引起 E_m 作相应变化,所以测量 E_m 的大小,也就能测得液体电导率的数值。

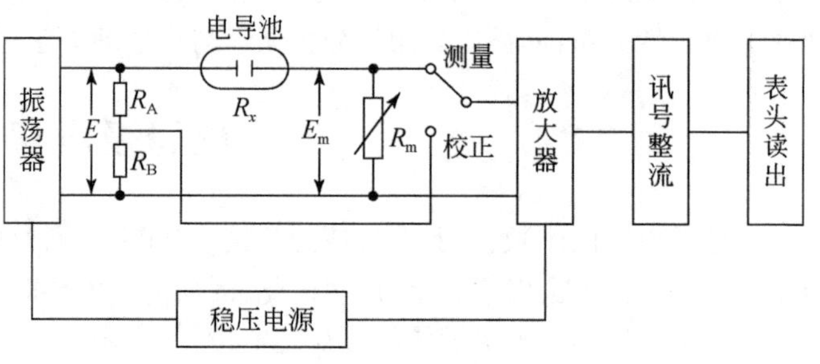

图 4-2 测量示意图

(二)测量仪器

1. 数字电导率仪 目前常用的数字电导率仪有 DDS-11A(T)、DDS-12A(T)及 DDS-307(T)三种型号。这三种型号的数字电导率仪均采用相敏检波技术和纯水电导率温度补偿技术。仪器特别适用于纯水、超纯水电导率测量。普适配套电极有 DJS-1 型光亮电极、DJS-1 型铂黑电极及 DJS-10 型铂黑电极(量程范围与配用电极列在表 4-1 中),DDS-11A(T)、DDS-12A(T)及 DDS-307(T)数字电导率仪的主要技术性能如下所示。测量范围:0 ~ 2S · cm^{-1}。精确度:±1%(F. S)。温度补偿范围:1 ~ 18mS · cm^{-1} 纯水。其中,DDS-307(T)是目前较先进的数字电导率仪,仪器控制全部采用触摸式按键,操作简便。而 DDS-308 型数字电导率仪在 DDS-307 的基础上又作了大的改进,如仪器配有九种工作模式可供选择,并且测定的数据可自动记录。所以,DDS-308 型数字电导率仪特别适用于精密测定。

表 4-1 电极选用表

测量范围(μS · cm^{-1})	采用电极
0 ~ 2	J=0.01 或 0.1 电极
0 ~ 20	J=1 型光亮电极
0 ~ 200	DJS-1 型铂黑电极
0 ~ 2000	DJS-1 型铂黑电极
0 ~ 20 000	DJS-1 型铂黑电极
0 ~ 2×10^5	DJS-10 型铂黑电极
0 ~ 2×10^6	DJS-10 型铂黑电极

(1) DDS-11A(T)

1)接通电源,预热 30min。

2)将温度补偿电位器旋钮刻度线对准 25℃,按下“校正”键,调节“校正”电位器,使显值与所配用电极常数相同。例如,电极常数为 1.08,调节仪器数显为 1.080;电极常数为 0.86,调节仪器数显为0.860；若电极常数为0.01、0.1或10的电极，必须将电极上所标常数值除以标称值，如电极上所标常数为10.5，则调节仪器数显为1.050，即

$$\frac{10.5(\text{电极常数})}{10(\text{电极常数标称值})}=1.050 \tag{4-5}$$

调节“校正”电位器时，电导电极需浸入待测溶液。

(2) DDS-12A(T)

1) 接通电源，预热30min。

2) 温度补偿旋钮置25℃刻度值。将仪器测量开关置“校正”挡，调节常数校正旋钮使仪器显示电导池实际(系数)值。当$J_{实}=J_{o}$时，仪器显示1.000；$J_{实}=0.95J_{o}$时，仪器显示0.950；$J_{实}=1.05J_{o}$时，仪器显示1.050；选择合适规格常数电极，根据电极实际电导池常数对仪器进行校正后，仪器可直接测量液体电导率。

(3) DDS-307(T)

1) 接通电源，预热30min。

2) 将选择开关指向“检查”，“常数”补偿调节旋钮指向“Ⅰ”刻度线。“温度”补偿调节旋钮指向“25”刻度线，调节“校准”旋钮，使仪器显示100.0μS·cm^{-1}，至此校准完毕。

测定时，按下相应的量程键，仪器读数即是被测溶液的电导率值。

若电极常数标称值不是1，则所测的读数应与标称值相乘，所得结果才是被测溶液的电导率值。例如，电极常数标称值是0.1，测定时，数显值为1.85μS·cm^{-1}，则此溶液实际电导率值是

$$1.85\times0.1=0.185(\mu S\cdot cm^{-1})$$

电极常数标称值是10，测定时，数显值为284μS·cm^{-1}，则此溶液实际电导率值是

$$284\times10=2840\mu S\cdot cm^{-1}=2.84mS\cdot cm^{-1}$$

温度补偿的使用：一定浓度的溶液，其电导率随温度的改变而改变，在作精密测量时应该保持恒温，也可在任意温度下测量，然后通过仪器的温度补偿系统，换算成25℃时的电导率。这样测量数值就可以进行比较。

但是，由于不同种类的溶液，不同浓度的电导率温度系数各不相同，如酸溶液的温度系数为1.0%～1.6%·℃$^{-1}$，盐溶液的温度系数为2.2%～3.0%·℃$^{-1}$，天然水的温度系数为2.0%·℃$^{-1}$。因此电导率测量的温度补偿问题比较复杂，或者可以认为这种温度补偿是不充分的，或是有较大误差的。

为此，有些电导率仪就不采用温度补偿电路，仪器测得的是当时温度下的电导率值。对有温度补偿的电导率仪，若将温度补偿旋钮调至25℃时，仪器也无温度补偿作用，测量值为当时温度下的未经换算的电导率值。

2. 指针型电导率仪　DDS-11A型电导率仪的面板如图4-3所示。测量范围：0～10^{5}μS·cm^{-1}，分12个量程。

(1) 使用方法

1) 未开电源前，观察表头指针是否指在零，如不指零，则应调整表头上的调零螺丝，使表针指零。

2) 将校正/测量开关拨在“校正”位置。

3) 将电源插头先插妥在仪器插座上，再接电源。打开电源开关，并预热几分钟，待指针完全

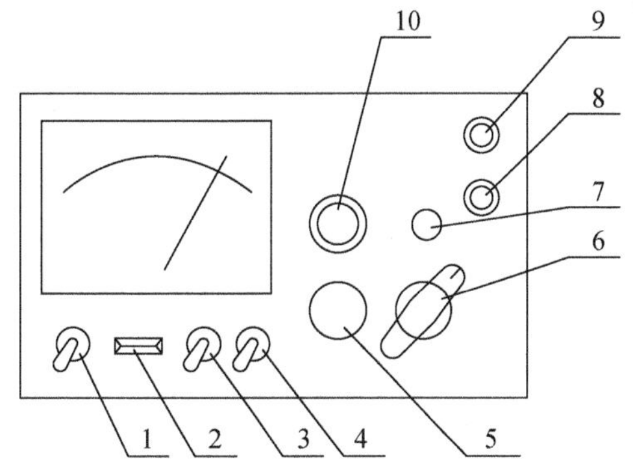

图4-3　DDS-11A型电导率仪面板示意图

1. 电源开关；2. 电源指示灯；3. 高周/低周选择；4. 校正/测量选择；5. 校正调节钮；6. 量程选择钮；7. 电容补偿调节钮；8. 电极插口；9. 10mV输出插口；10. 电极常数调节钮

稳定下来为止。调节校正调节器,使电表满度指示。

4)根据液体电导率的大小选用低周或高周,将开关指向选择频率(表4-2)。

表4-2 量程范围及套用电极

量程	电导率($\mu S\cdot cm^{-1}$)	测量频率	配套电路
1	0~0.1	低周	DJS-1 型光亮电极
2	0~0.3	低周	DJS-1 型光亮电极
3	0~1	低周	DJS-1 型光亮电极
4	0~3	低周	DJS-I 型光亮电极
5	0~10	低周	DJS-1 型光亮电极
6	0~30	低周	DJS-1 型铂黑电极
7	$0\sim10^2$	低周	DJS-1 型铂黑电极
8	$0\sim3\times10^2$	低周	DJS-1 型铂黑电极
9	$0\sim10^3$	高周	DJS-1 型铂黑电极
10	$0\sim3\times10^3$	高周	DJS-1 型铂黑电极
11	$0\sim10^4$	高周	DJS-1 型铂黑电极
12	$0\sim10^5$	高周	DJS-10 型铂黑电极

5)将量程选择开关拨到所需要的测量范围。如预先不知道待测液体的电导率范围,应先把开关拨在最大测量挡,然后逐挡下调。

6)根据液体电导率的大小选用不同电极,使用 DJS-1 型光亮电极和 DJS-1 型铂黑电极时,把电极常数调节器调节在与配套电极的常数相对应的位置上。例如,配套电极常数为0.95,则电极常数调节器上的白线调节在0.95的位置处。如选用DJS-10型铂黑电极,这时应把调节器调在0.95位置上,再将测得的读数乘以10,即为待测液的电导率。

7)电极使用时,用电极夹夹紧电极的胶木帽,并通过电极夹把电极固定在电极杆上,将电极插头插入电极插口内。旋紧插口上的紧固螺丝,再将电极浸入待测溶液中。

8)将校正/测量开关拨在“校正”,调节校正调节器使指示在满刻度。

9)将校正/测量开关拨向测量,这时指示读数乘以量程开关的倍率,即为待测液的实际电导率。例如,量程开关放在$0\sim10^3\mu S\cdot cm^{-1}$挡,电表指示为0.5时,则被测液电导率为$0.5\times10^3\mu S\cdot cm^{-1}=500\mu S\cdot cm^{-1}$。

10)用量程开关指向黑点时,读表头上刻度($0\sim1.0\mu S\cdot cm^{-1}$)的数;量程开关指向红点时,读表头上刻度为0~3的数值。

11)当用$0\sim0.1\mu S\cdot cm^{-1}$或$0\sim0.3\mu S\cdot cm^{-1}$这两挡测量纯水时,在电极未浸入溶液前,调节电容补偿器,使电表指示为最小值(此最小值是电极铂片间的漏阻,由于此漏阻的存在,使得在调节电容补偿器时电表指针不能达到零点),然后开始测量。

(2)注意事项

1)电极的引线不能潮湿,否则测不准。电极选用一定要按表4-2规定,即低电导时(如纯水)用光亮电极,高电导时用铂黑电极。应尽量选用读数接近满度值的量程测量,以减少测量误差。

2)高纯水被盛入容器后要迅速测量,否则空气中CO_2溶入水中,引起电导率的很快增加。

3)盛待测溶液的容器需排除离子的沾污。

4)每测一份样品后,用蒸馏水冲洗电极,用吸水纸吸干时,切忌擦及铂黑,以免铂黑脱落,引起电极常数的改变。可将待测液淋洗三次后再进行测定。

5)校正仪器时,温度补偿电位器必须置于25℃位置。

附:DDB-303A 型电导率仪简介

一、仪器的主要特点及性能

DDB-303A 型电导率仪是实验室测量水溶液电导率的仪器,它广泛地应用于石油化工、生物医药、污水处理、环境监测等行业及大专院校和科研单位,其主要特点及性能如下所示。

1. 五挡量程,自动切换,自动进位显示,操作简单,测量精度高。

2. 采用 DC6F22(9V)干电池供电,携带方便,功消极低(电流小于 2.5mA),一节新电池可连续使用 100h 以上。

3. 三种常数电极(0.01、1.0、10)可选配,可测一般水溶液和高纯水的电导率。

4. 测量范围为 $0\sim10^4\mu S\cdot cm^{-1}$,仪器分五挡量程($0\sim2.00\mu S\cdot cm^{-1}$、$0\sim20.00\mu S\cdot cm^{-1}$、$0\sim200.00\mu S\cdot cm^{-1}$、$0\sim2000\mu S\cdot cm^{-1}$、$0\sim20\,000\mu S\cdot cm^{-1}$),各挡量程间自动切换。

5. 手动温度补偿范围为 15~35℃,基准温度 25℃。

6. 正常使用条件为环境温度 15~35℃,相对湿度不大于 85%,供电电源为 DC6F22(9V)电池,无显著的振动,除地球磁场外无外磁场干扰。

二、仪器的结构

仪器结构见图 4-4。

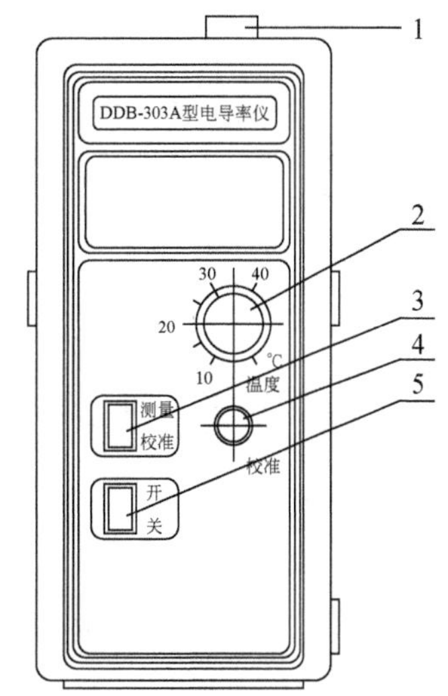

图 4-4 DDB-303A 型电导率仪面板示意图

1. 电极插口;2. 温度补偿电位器;3. 测量/校准;4. 校准电位器;5. 电源开关

三、仪器的使用方法

1. 装入 9V 干电池一节,预热 15min。

2. 按被测介质电阻或电导率的高低,选择正确的电导电极常数(表 4-3)。

注:当液晶显示屏出现自动进位功能提示符“×10”时,读得的数字显示值必须乘以 10 才是表一中的“显示数字”值。

表 4-3 DDB-303A 型电导率仪量程范围及配套电极

序号	溶液电导率范围($\mu S\cdot cm^{-1}$)	相对电阻率(Ω)	配套电极	常数	被测溶液实际电导率
1	0-0.2~200	$\infty-5\times10^6\sim5000$	钛白金电极	0.01	显示数字×0.01
2	0-20~200	$\infty-5\times10^4\sim5000$	DJS-1C 型光亮电极	1	显示数字×1
3	$0-2000\sim2\times10^4$	$\infty-500\sim50$	DJS-1C 型铂黑电极	1	显示数字×1
4	$0-200\sim2\times10^5$	$\infty-5000\sim5$	DJS-10C 型铂黑电极	10	显示数字×10

3. 调节“温度”补偿电位器到测量温度(如 25℃);把“测量/校准”开关拨至“校准”挡;调节“校准电位器”,使数字显示为 $100.0\times10\mu S\cdot cm^{-1}$。

4. 把“测量/校准”开关置“校准”挡,按电极出厂时贴有的常数标签调节“校准电位器”。例如,对 1C 型电极若常数为 0.95,则使数字显示为 95.0;对 10C 型电极若常数为 11,则使数字显示为 110.0;对 0.01 型的钛白金电极若常数为 0.012,则使数字显示为 120.0。

5. 把“测量/校准”开关置“测量”挡;用高纯水清洗电极并吸干,把电极浸入待测溶液中,读取显示数字即为被测溶液的电导率值(注意:连续使用时间较长或温度变化较大时,每次测量前都应在“校准”位校准一次电极常数)。

第二节　折射率的测定

折射率是物质的重要物理常数之一,测定物质的折射率可以定量地求出该物质的浓度或纯度。

一、物质的折射率与物质浓度的关系

许多纯的有机物质具有一定的折射率,如果纯的物质中含有杂质其折射率将发生变化,偏离了纯物质的折射率,杂质越多,偏离越大。纯物质溶解在溶剂中折射率也发生变化,如蔗糖溶解在水中,随着浓度越大,折射率越大,所以通过测定蔗糖的水溶液的折射率,也就可以定量地测出蔗糖水溶液的浓度。异丙醇溶解在环已烷中,浓度越大其折射率越小。折射率的变化与溶液的浓度、测定温度、溶剂、溶质的性质及它们的折射率等因素有关,在其他条件固定时,一般情况下当溶质的折射率小于溶剂的折射率时,浓度越大,折射率越小。反之亦然。

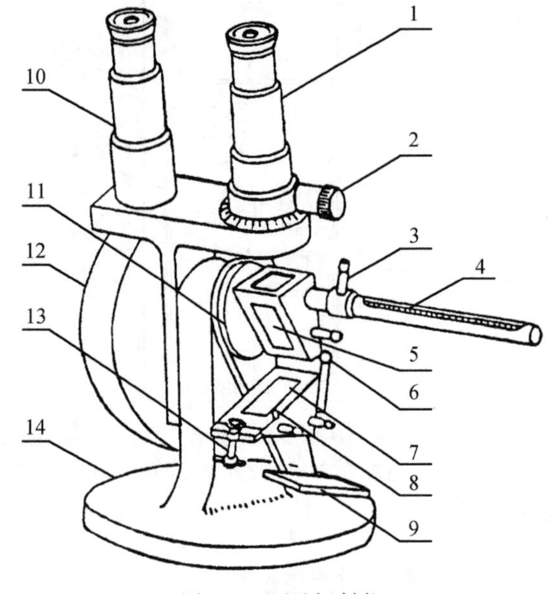

图 4-5　阿贝折射仪

1. 测量镜筒;2. 消色散手柄;3. 恒温水入口;4. 温度计;5. 测量棱镜;6. 铰链;7. 辅助棱镜;8. 加液槽;9. 反射镜;10. 读数镜筒;11. 转轴;12. 刻度罩盘;13. 闭合旋钮;14. 底座

通过测定物质的折射率,可以测定物质的浓度,其方法如下所示。

(1)制备一系列已知浓度的样品,分别测定各浓度的折射率。

(2)以浓度 c 与折射率 n_D^t 作图得一工作曲线。

(3)测未知浓度样品的折射率,在工作曲线上可以查得未知浓度样品的浓度。

用折射率测定样品的浓度所需试样量少,操作简单方便,读数准确。

通过测定物质的折射率,还可以算出某些物质的摩尔折射率,反映极性分子的偶极矩,从而有助于研究物质的分子结构。

实验室常用的阿贝(Abbe)折射仪,它既可以测定液体的折射率,也可以测定固体物质的折射率,同时可以测定蔗糖溶液的浓度。其结构外形如图 4-5 所示。

二、阿贝折射仪的结构原理

当一束单色光从介质Ⅰ进入介质Ⅱ(两种介质的密度不同)时,光线在通过界面时改变了方向,这一现象称为光的折射,如图 4-6 所示。

根据折射率定律入射角 i 和折射角 r 的关系为

$$\frac{\sin i}{\sin r}=\frac{n_{\mathrm{II}}}{n_{\mathrm{I}}}=n_{\mathrm{I、II}} \tag{4-6}$$

式中,n_{I}、n_{II} 分别为介质Ⅰ和介质Ⅱ的折射率;$n_{\mathrm{I、II}}$ 为介质Ⅱ对介质Ⅰ的相对折射率。

若介质Ⅰ为真空，因规定 $n=1.00000$，故 $n_{Ⅰ、Ⅱ}=n_{Ⅱ}$ 为绝对折射率。但介质Ⅰ通常用空气，空气的绝对折射率为 1.000 29，这样得到的各物质的折射率称为常用折射率，也可称为对空气的相对折射率。同一种物质的两种折射率表示法之间的关系为

$$绝对折射率=常用折射率\times1.00029$$

由式(4-6)可知，当 $n_{Ⅰ}<n_{Ⅱ}$ 时，折射角 r 则恒小于入射角 i。当入射角增大到90°时，折射角也相应增大到最大值 r_c，r_c 称为临界角。此时介质Ⅱ中从 Oy 到 OA 之间有光线通过为明亮区，而 OA 到 Ox 之间无光线通过为暗区，临界角 r_c 决定了半明半暗分界线的位置。当入射角 i 为90°时，式(4-6)可写为

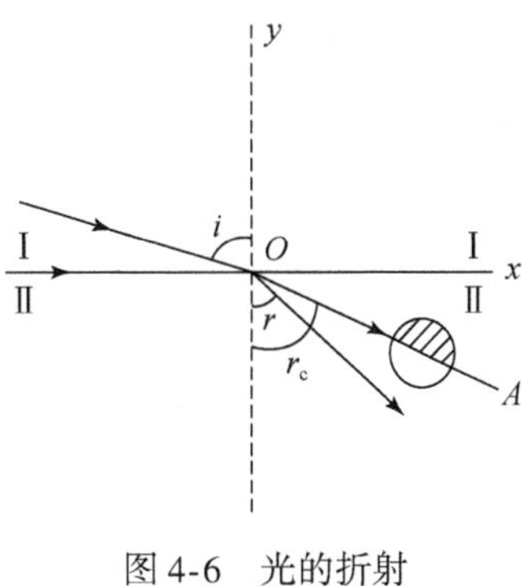

图 4-6　光的折射

$$n_{Ⅰ}=n_{Ⅱ}\sin r_c \tag{4-7}$$

因而在固定一种介质时，临界折射角 r_c 的大小与被测物质的折射率呈简单的函数关系，阿贝折射仪就是根据这个原理而设计的。

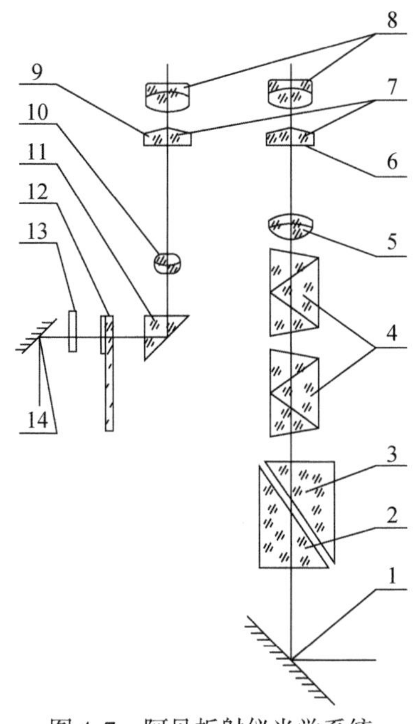

图 4-7　阿贝折射仪光学系统

1. 反光镜；2. 辅助棱镜；3. 测量棱镜；4. 消色散棱镜；5. 物镜；6. 分划板；7、8. 目镜；9. 分划板；10. 物镜；11. 转向棱镜；12. 照明度盘；13. 毛玻璃；14. 小反光镜

图 4-7 是阿贝折射仪光学系统的示意图。它的主要部分是由两块折射率为 1.75 的玻璃直角棱镜构成。辅助棱镜的斜面是粗糙的毛玻璃，测量棱镜是光学平面镜。两者之间有 0.1～0.15mm 厚度空隙，用于装待测液体，并使液体展开成一薄层。当光线经过反光镜反射至辅助棱镜的粗糙表面时，发生漫散射，以各种角度透过待测液体，因而从各个方向进入测量棱镜而发生折射。其折射角都落在临界角 r_c 之内，因为棱镜的折射率大于待测液体的折射率，因此入射角为 0～90°的光线都通过测量棱镜发生折射。具有临界角 r_c 的光线从测量棱镜出来反射到目镜上，此时若将目镜十字线调节到适当位置，则会看到目镜上呈半明半暗状态。折射光都应落在临界角 r_c 内，成为亮区，其他为暗区，构成了明暗分界线。

由式(4-6)可知，若棱镜的折射率 $n_{棱}$ 为已知，只要测定待测液体的临界角 r_c，就能求得待测液体的折射率 $n_{液}$。事实上测定 r_c 值很不方便，当折射光从棱镜出来进入空气又产生折射，折射角为 r_c'，$n_{液}$ 与 r_c' 间有如下关系：

$$n_{液}=\sin\beta\sqrt{n_{棱}^{2}-\sin^{2}r_c'}-\cos\beta\sin r_c' \tag{4-8}$$

式中，β 为常数；$n_{棱}=1.75$。

测出 r_c' 即可求出 $n_{液}$。由于设计折射仪时已经把读数 r_c' 换算成 $n_{液}$ 值，只要找到明暗分界线使其与目镜中的十字线吻合，就可以从标尺上直接读出液体的折射率。

阿贝折射仪的标尺上除标有 1.300～1.700 折射率数值外，在标尺旁边还标有 20℃ 糖溶液的百分浓度的读数，可以直接测定糖溶液的浓度。

在指定的条件下，液体的折射率因所用单色光的波长不同而不同。若用普通白光作光源(波长 4000～7000Å)，由于发生色散而在明暗分界线处呈现彩色光带，使明暗交界不清楚，故在阿贝折射仪中还装有两个各由三块棱镜组成的阿密西(Amici)棱镜作为消色散棱镜(又称补偿棱镜)。通过调节消色散棱镜，使折射棱镜出来的色散光线消失，使明暗分界线完全清楚，这时所测的液体折射率

相当于用钠光 D 线(5890Å)所测得的折射率 n_D。

三、阿贝折射仪的使用方法

将阿贝折射仪放在光亮处,但避免阳光直接曝晒。用超级恒温槽将恒温水通入棱镜夹套内,其温度以折射仪上温度计读数为准。

扭开测量棱镜和辅助棱镜的闭合旋钮,并转动镜筒,使辅助棱镜斜面向上,若测量棱镜和辅助棱镜表面不清洁,可滴几滴丙酮,用擦镜纸顺单一方向轻擦镜面(不能来回擦)。

用滴管滴入两三滴待测液体于辅助棱镜的毛玻璃面上(滴管切勿触及镜面),合上棱镜,扭紧闭合旋钮。若液体样品易挥发,动作要迅速,或将两棱镜闭合,从两棱镜合缝处的一个加液小孔中注入样品(特别注意不能使滴管折断在孔内,以致损伤棱镜镜面)。

转动镜筒使之垂直,调节反射镜使入射光进入棱镜,同时调节目镜的焦距,使目镜中十字线清晰明亮。再调节读数螺旋,使目镜中呈半明半暗状态。

调节消色散棱镜至目镜中彩色光带消失,再调节读数螺旋,使明暗界面恰好落在十字线的交叉处。如此时又呈现微色散,必须重调消色散棱镜,直到明暗界面清晰为止。

从读数镜筒中读出标尺的数值即 n_D,同时记下温度,则 n_D^t 为该温度下待测液体的折射率。每测一个样品需重测三次,三次误差不超过 0.0002,然后取平均值。

测试完后,在棱镜面上滴几滴丙酮,并用擦镜纸擦干。最后用两层擦镜纸夹在两镜面间,以防镜面损坏。

对有腐蚀性的液体如强酸、强碱及氟化物,不能使用阿贝折射仪测定。

四、阿贝折射仪的校正

折射仪的标尺零点有时会发生移动,因而在使用阿贝折射仪前需用标准物质校正其零点。

折射仪出厂时附有一块已知折射率的“玻块”,一小瓶 α-溴奈。滴 1 滴 α-溴奈在玻块的光面上,然后把玻块的光面附着在测量棱镜上,不需合上辅助棱镜,但要打开测量棱镜背的小窗,使光线从小窗口射入,就可进行测定。如果测得的值与玻块的折射率值有差异,此差值为校正值,也可以用钟表螺丝刀旋动镜筒上的校正螺丝进行,使测得值与玻块的折射率相等。

这种校正零点的方法,也是使用该仪器测定固体折射率的方法,只要将被测固体代替玻块进行测定。

在实验室中一般用纯水作标准物质(n_D^{25})来校正零点。在精密测量中,须在所测量的范围内用几种不同折射率的标准物质进行校正,考察标尺刻度间距是否正确,把一系列的校正值画成校正曲线,以供测量对照校正。

五、温度和压力对折射率的影响

液体的折射率是随温度变化而变化的,多数液态的有机化合物当温度每增高 1℃时,其折射率下降 $3.5\times10^{-4}\sim5.5\times10^{-4}$。纯水的折射率在 15~30℃时,温度每增高 1℃,其折射率下降 1×10^{-4}。若测量时要求准确度为 $\pm1\times10^{-4}$,则温度应控制在 $T\pm0.1$℃,此时阿贝折射仪需要有超级恒温槽配套使用。

压力对折射率有影响,但不明显,只有在很精密的测量中,才考虑压力的影响。

六、阿贝折射仪的保养

仪器应放置在干燥、空气流通的室内,防止受潮后光学零件发霉。

仪器使用完毕后要做好清洁工作,并将仪器放入箱内,箱内放有干燥剂硅胶。

经常保持仪器清洁,严禁油手或汗手触及光学零件。如光学零件表面有灰尘,可用高级麂皮或脱脂棉轻擦后,再用洗耳球吹去。如光学零件表面有油垢,可用脱脂棉蘸少许汽油轻擦后再用二甲苯或乙醚擦干净。

仪器应避免强烈振动或撞击,以防止光学零件损伤而影响精度。

第三节 旋光度的测量技术和设备

一、旋光度、比旋光度

当一束单一的平面偏振光通过含有光学活性物质的液体或溶液时,其振动方向会发生改变,此时光的振动面旋转一定的角度,这种现象称为旋光现象。偏振光旋转的度数称为旋光度。物质的这种使偏振光的振动面旋转的性质称为旋光性,具有旋光性的物质称为旋光性物质或旋光物质。许多天然有机物都具有旋光性。旋光度有右旋、左旋之分,偏振光向右旋转(顺时针方向)称为“右旋”,用符号“+”表示;偏振光向左旋转(逆时针方向)称为“左旋”,用符号“-”表示,所以旋光物质又可分为右旋物质和左旋物质。

由单色光源(一般用钠光灯)发出的光,通过起偏棱镜(尼柯尔棱镜)后,转变为平面偏振光(简称偏振光)。当偏振光通过样品管中的旋光性物质时,振动平面旋转一定角度。调节附有刻度的检偏镜(也是一个尼可尔棱镜),使偏振光通过,检偏镜所旋转的度数显示在刻度盘上,此即样品的实测旋光度 α。

物质的旋光度因实验条件的不同(温度、溶剂、浓度、旋光管长度、光源波长)而有很大的差异,为了比较不同物质的旋光能力的强弱,常用比旋光度来表示物质的旋光性。规定以钠光 D 线作为光源,温度为 20℃,样品管长为 10cm,浓度为每毫升中含有 1g 旋光物质,此时所产生的旋光度,即为该物质的比旋光度,通常用符号 $[\alpha]_t^D$ 表示。D 表示光源,t 表示温度。比旋光度和旋光度的关系如下:

$$[\alpha]_t^D=\frac{10a}{l\cdot c} \tag{4-9}$$

式中,l 为液层厚度(cm);c 为溶液的浓度($g\cdot ml^{-1}$)。

比旋光度是旋光性物质的物理常数之一,通过测定旋光度,可以鉴定物质的纯度,测定溶液的浓度、密度和鉴别光学异构体。

二、手动旋光仪的测试原理、构造和读数

1. 手动旋光仪的测试原理 普通光源发出的光称自然光,其光波在垂直于传播方向的一切方向上振动,如果我们借助某种方法,从这种自然聚集体中挑选出只在平面内的方向上振动的光线,这种光线称为偏振光。尼柯尔(Nicol)棱镜就是根据这一原理设计的。旋光仪的主体是两块尼柯尔棱镜,尼柯尔棱镜是将方解石晶体沿一对角面剖成两块直角棱镜,再由加拿大树脂沿剖面黏合起来,如图 4-8 所示。

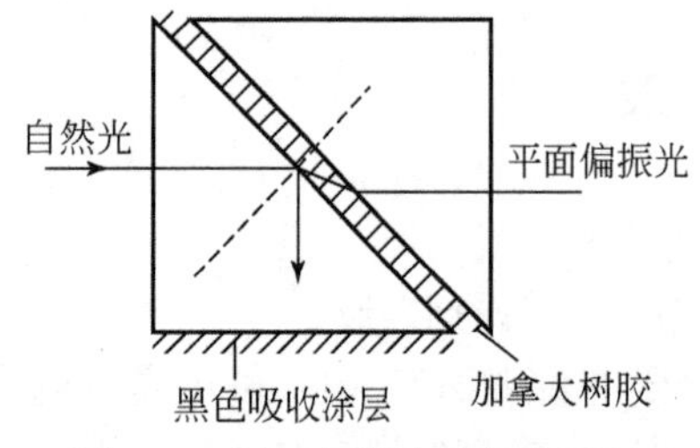

图 4-8 尼柯尔棱镜的起偏原理

当光线进入棱镜后，分解为两束相互垂直的平面偏振光，一束折射率为 1.658 的寻常光，一束折射率为 1.486 的非寻常光，这两束光线到达方解石与加拿大树脂黏合面上时，折射率为 1.658 的一束光线就被全反射到棱镜的底面上（因加拿大树脂的折射率为 1.550）。若底面是黑色涂层，则折射率为 1.658 的寻常光将被吸收，折射率为 1.486 的非寻常光则通过树脂而不产生全反射现象，就获得了一束单一的平面偏振光。折射光线与晶体光轴所构成的平面称为主截面（也可称透射面）。

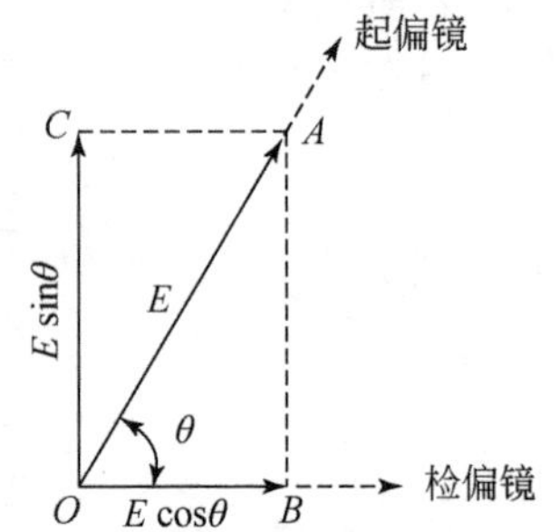

图 4-9 偏振光强度图

若在一个尼科尔棱镜后另置一尼科尔棱镜，两者主截面互相平行，由第一尼科尔棱镜（称为起偏镜）出来射到第二尼科尔棱镜（称为检偏镜）的偏振光全能通过；当两个主截面互相垂直，则由起偏镜射到检偏镜的偏振光将全不能通过；当两个主截面的夹角（θ 角）介于 0° ~ 90°，透过光强度将被减弱，如图 4-9 所示。一束振幅为 E 的 OA 方向的平面偏振光，可以分解成为互相垂直的两个分量，其振幅分别为 $E\cos\theta$ 和 $E\sin\theta$。但只有与 OB 重合的具有振幅为 $E\cos\theta$ 的偏振光才能透过检偏镜，由于光的强度 I 正比于光的振幅的平方，因此：

$$I=E^2\cos^2\theta=I_0\cos^2\theta \tag{4-10}$$

式中，I 为透过检偏镜的光强度；I_0 为透过起偏镜的光强度。当 $\theta=0°$ 时，$E\cos\theta=E$，此时透过检偏镜的光最强。当 $\theta=90°$ 时，$E\cos\theta=0$，此时没有光透过检偏镜，光最弱。旋光仪就是利用透光的强弱来测定旋光物质的旋光度。

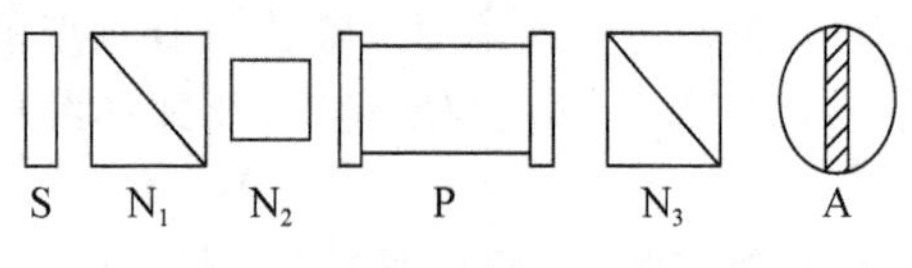

图 4-10 旋光仪光学系统

旋光仪的结构示意图如图 4-10 所示。图中，S 为钠光光源，N_1 为起偏镜，N_2 为一块石英片，N_3 为检偏镜，P 为旋光管（盛放待测溶液），A 为目镜的视野，N_3 上附有刻度盘，当旋转 N_3 时，刻度盘随同转动，其旋转的角度可以从刻度盘上读出。

若转动 N_3 的透射面与 N_1 的透射面相互垂直，则在目镜中观察到视野呈黑暗。若在旋光管中盛以待测溶液，由于待测溶液具有旋光性，必须将 N_3 相应旋转一定的角度 α，目镜中才会又呈黑暗，α 即为该物质的旋光度。但人们的视力对鉴别二次全黑相同的误差较大（可差 4° ~ 6°），因此设计了一种三分视野或二分视野，以提高人们观察的精确度。

为此，在 N_1 后放一块狭长的石英片 N_2，其位置恰巧在 N_1 中部。石英片具有旋光性，偏振光经 N_2 后偏转了一角度 α，在 N_2 后观察到的视野如图 4-11a 所示。OA 是经 N_1 后的振动方向，OA' 是经 N_1 后再经 N_2 后的振动方向，此时视野中出现三分视野，中间较左右两侧亮些，α 角称为半荫角。如果旋转 N_3 的位置使其透射面 OB 与 OA' 垂直，则经过石英片 N_2 的偏振光不能透过 N_3。目镜视野中出现中部黑暗而左右两侧较亮，如图 4-11b 所示。如调节 N_3 位置使 OB 的位置恰巧在图 4-11a 和 b 的情况之间，则可以使视野三部分明暗相同，如图 4-11c 所示。此时 OB 恰好垂直于半荫角的角平分线 OP。由于人们视力对选择明暗清晰的三分视野易于判断，因此在测定时先在 P 管中盛无旋光性的蒸馏水，转动 N_3，调节至三分视野明暗度相同，此时的读数作为仪器的零点。当 P 管中盛具有旋光性的溶液后，由于 OA 和 OA' 的振动方向都被转动过某一角度，只有相应地把检偏镜 N_3 转动某一角度，才能使三分视野的明暗度相同，所得读数与零点之差即为被测溶液的旋光度。测定时若需将检偏镜 N_3 顺时针方向转某一角度，使三分视野明暗相同，则被测物质为右旋，常在角度前加正号表示。反之则为左旋，常在角度前加负号表示。

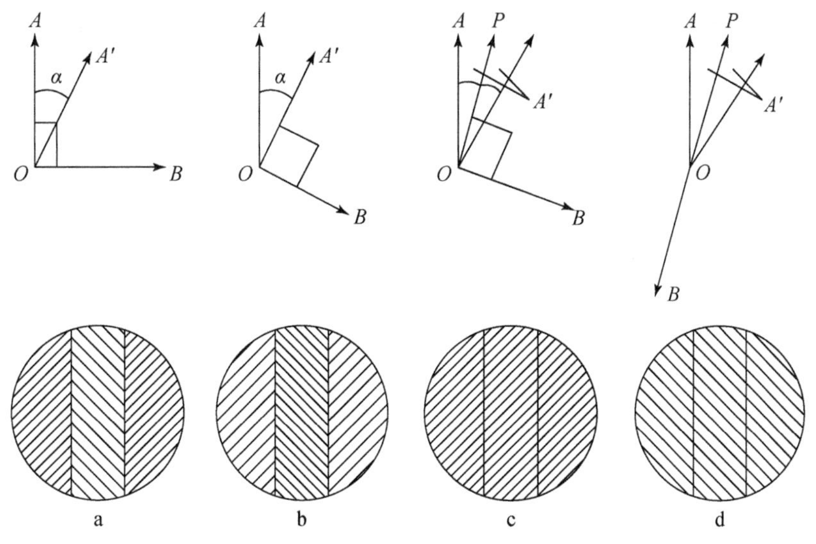

图 4-11　旋光仪的测量原理

若调节检偏镜 N_3 使 OB 与 OP 重合，如图 4-11d 所示，则三分视野的明暗也应相同，但是 OA 与 OA' 在 OB 上的光强度比 OB 垂直 OP 时大，三分视野特别亮。由于人们的眼睛对弱亮度变化比较灵敏，调节亮度相等的位置更为精确。所以总是选取 OB 与 OP 垂直的情况作为旋光度的标准。

2. 手动旋光仪的构造和读数　手动旋光仪的系统图如图 4-12 所示。为便于操作，手动旋光仪的光学系统以倾斜 20°安装在基座上。光源采用 20W 钠光灯（波长 $\lambda = 589.44$nm）。钠光灯的限流器安装在基座底部，无须外接限流器。仪器的偏振器均为聚乙烯醇人造偏振片。三分视野采用劳伦特石英板装置（半波片）。转动起偏镜可调整三分视野的影阴角（仪器出厂时调整在 3.5°左右）。仪器采用双游标读数，以消除度盘偏心差。度盘分 360 格，每格 1°，游标分 20 格，等于度盘 19 格，用游标直接读数到 0.05°（图 4-13）。度盘和检偏镜固定一体，借度盘转动手轮（图 4-12 中的 12）能作粗、细转动。游标窗前方装有两块 4 倍的放大镜，供读数时用。

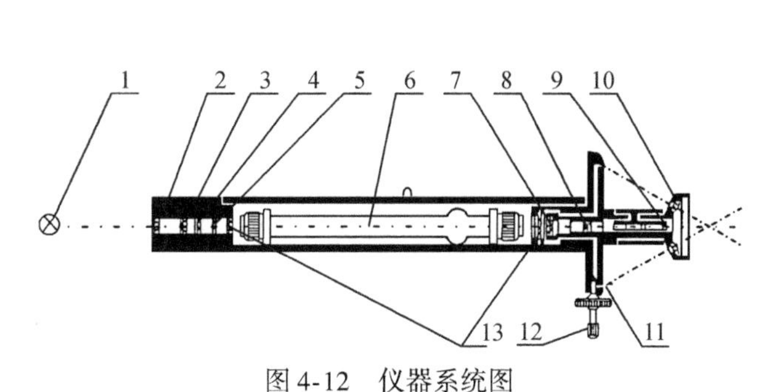

图 4-12　仪器系统图

1. 光源（钠光）；2. 聚光镜；3. 滤色镜；4. 起偏镜；5. 半波片；6. 试管；7. 检偏镜；8. 物镜；9. 目镜；10. 放大镜；11. 度盘游标；12. 度盘转动手轮；13. 保护片

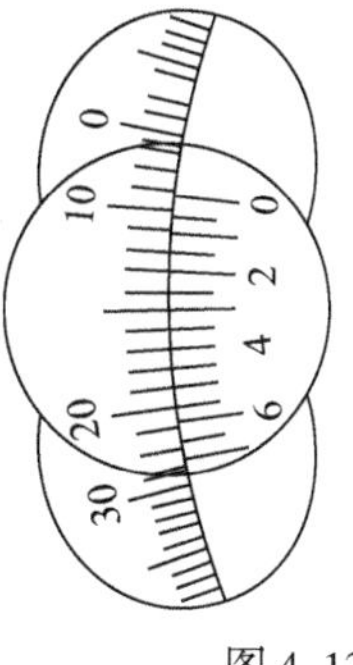

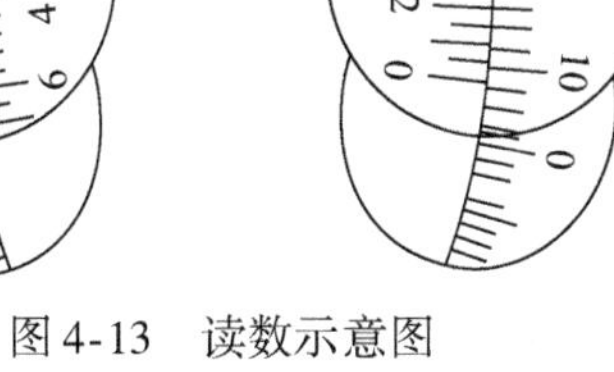

图 4-13　读数示意图

旋光物质的旋光度 $\alpha = 9.30°$

三、自动指示旋光仪结构及测试原理

目前国内生产的旋光仪的三分视野检测、检偏镜角度的调整，是采用光电检测器通过电子放大及机械反馈系统自动进行，最后数字显示，这种仪器具有体积小、灵敏度高、读数方便、减少人为观察三分视野明暗度相等时产生的误差等优点，对低旋光度样品也能适应。WZZ-1 型自动数字显示旋光仪，其结构原理如图 4-14 所示。

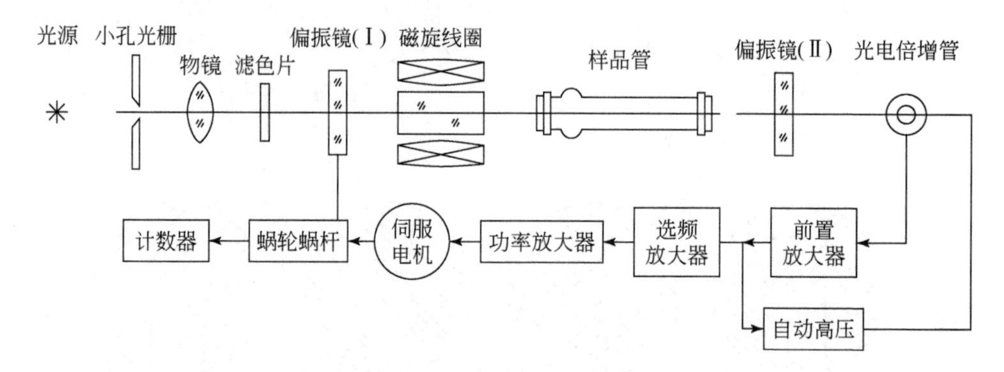

图 4-14 WZZ-1 型自动数字显示旋光仪结构原理图

该仪器以 20W 钠光灯作光源，由小孔光栅和物镜组成一个简单的光源平行光管，平行光经偏振镜(Ⅰ)变为平面偏振光，当偏振光经过有法拉第效应的磁旋线圈时，其振动面产生 50Hz 的一定角度的往复摆动。通过样品后偏振光振动面旋转一个角度，光线经过偏振镜(Ⅱ)投射到光电倍增管上，产生交变的电讯号，经功率放大器放大后显示读数。仪器示数平衡后，伺服电机通过蜗轮蜗杆将偏振镜(Ⅰ)反向转过一个角度，补偿了样品的旋光度，仪器回到光学零点。

四、影响旋光度测定因素

1. 溶剂的影响 旋光物质的旋光度主要取决于物质本身的构型。另外，与光线透过物质的厚度及测量时所用的光的波长和温度有关。被测物质是溶液，则影响因素还包括物质的浓度，溶剂可能也有一定的影响，因此旋光物质的旋光度，在不同的条件下，测定结果往往不一样。由于旋光度与溶剂有关，故测定比旋光度$[\alpha]_t^D$值时，应说明使用什么溶剂，如不说明一般指以水为溶剂。

2. 温度的影响 温度升高会使旋光管长度增大，但降低了液体的密度。温度的变化还可能引起分子间缔合或离解，使分子本身旋光度改变，一般说，温度效应的表达式如下所示。

$$[\alpha]_t^\lambda=[\alpha]_{20℃}^D+Z(t-20) \tag{4-11}$$

式中，Z 为温度系数；t 为测定时温度。

各种物质的 Z 值不同，一般均为-0.01/1℃ ~0.04/1℃。因此测定时必须恒温，在旋光管上装有恒温夹套，与超级恒温槽配套使用。

3. 浓度和旋光管长度对比旋光的影响 在固定的实验条件下，通常旋光物质的旋光度与旋光物的浓度成正比，因此视比旋光度为一常数，但是旋光度和溶液浓度之间并非严格地呈线性关系，所以旋光物质的比旋光度严格地说并非常数，在给出$[\alpha]_t^\lambda$值时，必须说明测量浓度，在精密的测定中比旋光度和浓度之间的关系一般可采用拜奥特(Biot)提出的三个方程式之一表示：

$$[\alpha]_t^\lambda=A+Bq \tag{4-12}$$

$$[\alpha]_t^\lambda=A+Bq+cq^2 \tag{4-13}$$

$$[\alpha]_t^\lambda=A+\frac{Bq}{C+q} \tag{4-14}$$

式中，q 为溶液的百分浓度；A、B、C 为常数。式(4-12)代表一条直线，式(4-13)为一抛物线，式(4-14)为双曲线。常数 A、B、C 可从不同浓度的几次测量中加以确定。

旋光度与旋光管的长度成正比。旋光管一般有10cm、20cm、22cm三种长度。使用10cm长的旋光管计算比旋光度比较方便，但对旋光能力较弱或者较稀的溶液，为了提高准确度，降低读数的相对误差，可用20cm或22cm的旋光管。

五、仪器的使用

1. 手动圆盘旋光仪的使用(图4-15)

(1)接通电源，约10min后，待完全发出钠黄光后才能够使用。

(2)将装有蒸馏水或其他空白溶剂的试管放入样品室，盖上箱盖，调节视度圆盘螺旋至视场中三分视野暗均匀，从放大镜中读出度盘所旋转的角度，记录读数，旋光管安放时应注意标记的位置和方向。

(3)取出旋光管。将待测样品注入旋光管，按相同的位置和方向放入样品室内，盖好箱盖，调节视度圆盘螺旋至视场中三分视野暗均匀，从放大镜中读出度盘所旋转的角度，记录读数。

2. WZZ-1型自动旋光仪的使用方法(图4-16)

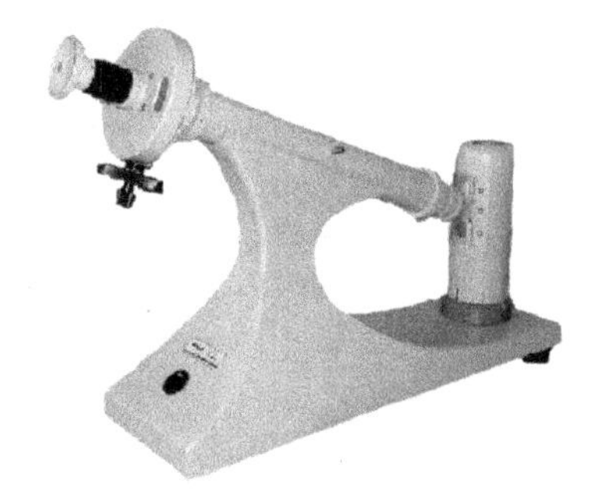

图4-15　WGX-4型手动圆盘旋光仪

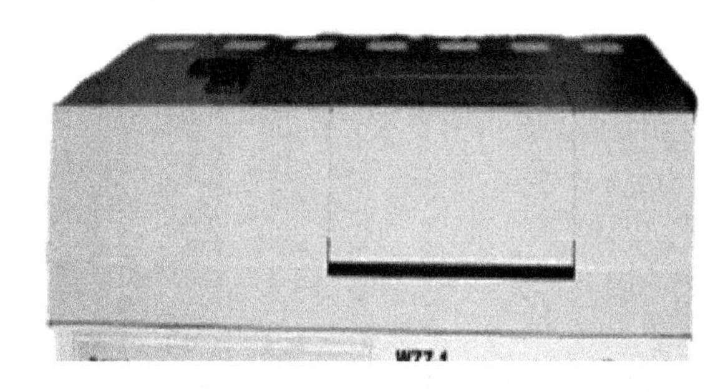

图4-16　WZZ-1型自动旋光仪

(1)将仪器电源插头插入220V交流电源。

(2)打开电源开关，这时钠光灯应启亮，需经5min钠光灯预热，使之发光稳定。

(3)打开光源开关。

(4)打开测量开关，这时数码管应有数字显示。

(5)将装有蒸馏水或其他空白溶剂的试管放入样品室，盖上箱盖，待示数稳定后，按清零按钮。试管中若有气泡，应先让气泡浮在凸颈处；试管螺帽不宜旋得过紧，以免产生应力，影响读数。旋光管安放时应注意标记的位置和方向。

(6)取出旋光管。将待测样品注入旋光管，按相同的位置和方向放入样品室内，盖好箱盖。仪器数显窗将显示出该样品的旋光度。

(7)逐次按下复测按钮，重复读几次数，取平均值作为样品的测定结果。

(8)仪器使用完毕后，应依次关闭测量、光源、电源开关。

第四节　热效应的测量方法与温度控制技术

一、热效应的测量方法

热化学的数据主要是通过量热实验获得。量热实验所用的仪器称为量热计，量热计的测量原理及工作方式文献中公开报道已有上百种,并各具有不同的特色。根据测量原理热效应的测量方法可以分成补偿式和温差式两大类。

1. 补偿式量热法 补偿式量热的测定是把研究体系置于一个等温量热计中,这种量热计的研究体系与环境之间进行热交换时,两者的温度始终保持恒定,并且与环境温度相等。反应过程中研究体系所放出的或吸收的热量是依赖恒温环境中的某物理量的变化所引起的热流给予连续的补偿。利用相变潜热或电热效应是常用的方法。

(1)相变补偿量热法:将一个反应体系置于冰水浴中(冰量热计),则研究体系被一层纯的固体冰包围,而且固体冰与液相水处于相平衡。研究体系发生放热反应时,部分冰融化为水,因此只要知道冰单位质量的融化焓,测出熔化冰的质量,就可以求得所放出的热量。反之,研究体系发生吸热反应,也同样可以通过冰增加的质量求得热效应。这种量热计除了以冰-水为环境介质外,也可采用其他类型的相变介质。这种量热计测量简单,具有灵敏度及准确度高的优点,但也有其局限性,热效应必须是在相变温度下发生。

(2)电效应补偿量热法:对于研究体系所发生的过程是一个吸热反应时,可以利用电加热器提供热流对其进行补偿,使温度保持恒定。但要求做到加热时,热损失和所加入的热流相比较可小到忽略不计。这时所吸的热量可由测量电加热器中的电流 I 和电压 V 直接求得

$$\Delta H = Q_p = \int V(t)I(t)\,\mathrm{d}t \tag{4-15}$$

在实验“溶解热的测定”中,就是运用电热补偿法的典例。

为了能精确测量不大的热流,可以借助标准电阻,并用电位差计法测量。标准电阻与加热器串联接入电路,用电位差计测量标准电阻和加热器上的电压降,即可准确求得热效应。

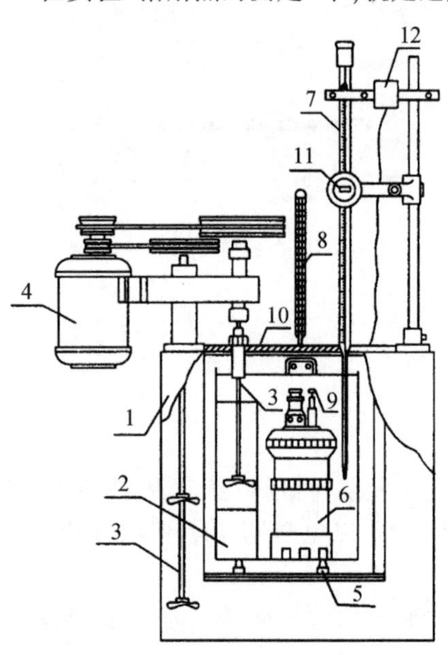

图 4-17 氧弹式量热计结构原理示意图
1. 外壳;2. 内桶;3. 搅拌器;4. 电机;5. 支座;6. 氧弹;7. 贝克曼温度计;8. 玻套温度计;9. 电极;10. 盖子;11. 放大镜;12. 振动器

2. 温差式量热法 研究体系在量热计中发生热效应时,如果与环境之间不发生热交换,热效应会导致量热计的温度发生变化。通过在不同时间测量温度变化即可求得反应热效应。

(1)绝热式量热计:理想状态下这类量热计的研究体系与环境之间应不发生热交换。但环境与体系之间不可能不发生热交换,因此所谓绝热式量热计只能近似视为绝热。为了尽可能达到绝热效果,所用的量热计一般都采用真空夹套,或在量热计的外壁涂以光亮层,尽量减少由于对流和辐射引起的热损耗。氧弹式量热计结构原理如图 4-17 所示。

当一个放热反应在绝热式量热计中进行时,量热计与研究体系的温度会发生变化。如果能知道量热计的各个部件、工作介质及研究体系的总体热容,就可以方便地从其总体的温度变化求出反应过程放出的热量。

$$Q = C_{量热计} \cdot \Delta T \tag{4-16}$$

$C_{量热计}$ 为量热计的总体热容,ΔT 则是根据时间变化而测量出的温差。在整个实验过程中,体系存在与环境的热交换即热损耗在所难免。因此 $C_{量热计}$ 必须用已知热效应值的标准物质在相应的实验条件下进行标定,再用雷诺(Reynolds)作图法予以修正。

绝热式量热计结构简单,计算方便,应用较广,适用于测量反应速度较快、热效应较大的反应。

为了使实验能在更好的“绝热”条件下进行，减少实验误差。在仪器的内筒和外筒中都安上一个铂电阻感温元件，并配有可控硅电子元件，自动跟踪研究体系的温度变化，并维持环境与体系的温度保持平衡，达到绝热的目的。此仪器的结构原理如图 4-18 所示。

(2) 热导式量热计：此类量热计是量热容器放在一个容量很大的恒温金属块中，并且由导热性能良好的热导体把它紧密接触联系起来，如图 4-19 所示。

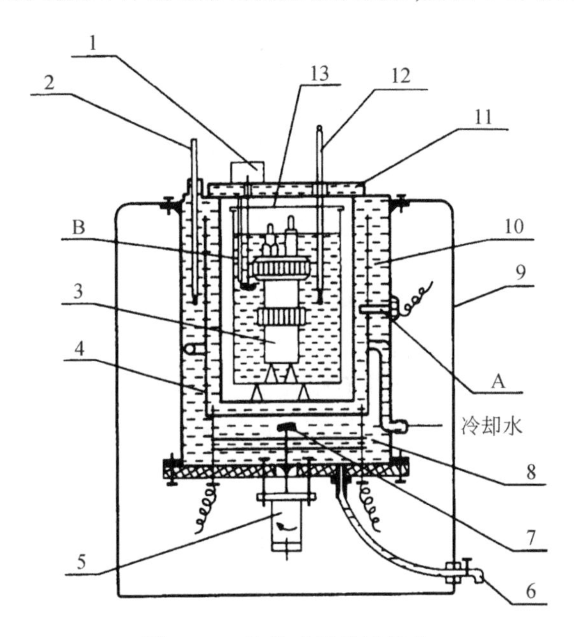

图 4-18　绝热式量热计结构

1. 内桶搅拌器；2. 外桶贝克曼温度计；3. 氧弹；4. 外桶搅拌器；5. 外桶搅拌电机；6. 外桶放水龙头；7. 外桶搅拌器；8. 外桶加热电极；9. 外壳；10. 外桶；11. 水帽；12. 内桶贝克曼温度计；13. 内桶；A、B 铂电阻传感器

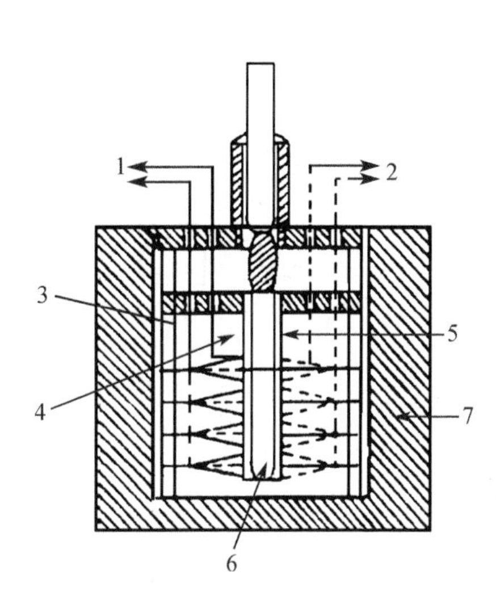

图 4-19　热导式量热计

1. 热电偶；2. 制冷器；3. 恒温热导体；4. 内室；5. 镀银夹套；6. 反应管；7. 恒温外套

当量热器中产生热效应时，一部分热使研究体系温度升高，另一部分由热导体传递给环境（恒温金属块），测出量热容器与恒温金属块之间的温差随时间的变化，作图，曲线下的面积正比于反应中流出的总热量。

热导式量热计要求环境是具有很大热容的受热器，它的温度不因热流的流入流出而改变。沿热导体流过的热量大小可由热导体（热电偶）的某物理量的变化（由温差所引起的电动势变化）而计算出来。

二、温度控制技术

物质的物理性质和化学性质，如折光率、黏度、蒸气压、密度、表面张力、化学平衡常数、反应速率常数、电导率等都与温度有密切的关系。许多物理化学实验不仅要测量温度，而且需要精确地控制温度。实验室中所用的恒温装置一般分成高温恒温（>250℃）、常温恒温（室温至 250℃）及低温恒温（−218℃至室温）三大类。控温采用的方法是把待控温体系置于热容比它大得多的恒温介质浴中。

（一）常温控制

在常温区间，通常用恒温槽作为控温装置，恒温槽是实验工作中常用的一种以液体为介质的恒温装置，用液体作介质的优点是热容量大，导热性好，使温度控制的稳定性和灵敏度大为提高。

根据温度的控制范围可用下列液体介质：−60～30℃用乙醇或乙醇水溶液；0～90℃用水；80～160℃用甘油或甘油水溶液；70～300℃用液状石蜡，汽缸润滑油、硅油。

1. 恒温槽的构造及原理 恒温槽的构件组成如图4-20所示。

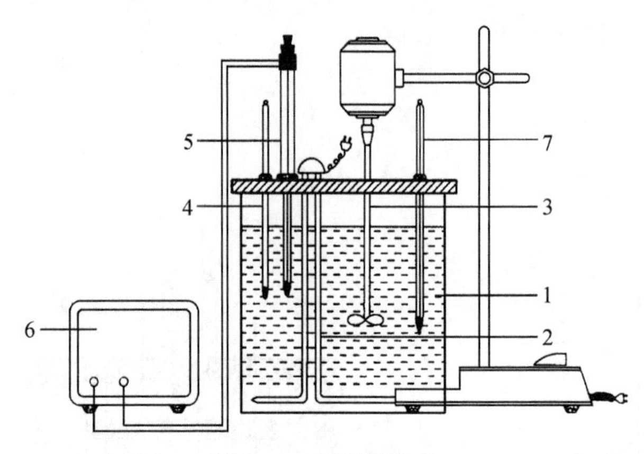

图4-20 恒温槽构成

1. 槽体；2. 加热器；3. 搅拌器；4. 温度计；5. 导电表；6. 恒温仪；7. 贝克曼温度计

(1)槽体：如果控制温度与室温相差不大，可用敞口大玻缸作为浴槽，对于较高和较低温度，应考虑保温问题。具有循环泵的超级恒温槽，有时仅作供给恒温液体之用，而实验在另一工作槽内进行。这种利用恒温液体作循环的工作槽可做得小一些，以减少温度控制的滞后性。

(2)搅拌器：加强液体介质的搅拌，对保证恒温槽温度均匀起着非常重要的作用。搅拌器的功率、安装位置和桨叶的形状对搅拌效果有很大影响。恒温槽越大，搅拌功率应相应增大。搅拌器应装在加热器上面或靠近加热器，使加热后的液体及时混合均匀再流至恒温区。搅拌桨叶应是螺旋式或涡轮式，且有适当的片数、直径和面积，以使液体在恒温槽中循环。为了加强循环，有时还需要装导流装置。在超级恒温槽中用循环流代替搅拌，效果仍然很好。

(3)加热器：如果恒温的温度高于室温，则需不断向槽中供给热量以补偿其向四周散失的热量；如恒温的温度低于室温，则需不断从恒温槽取走热量，以抵偿环境向槽中传热。在前一种情况下，通常采用电加热器间歇加热来实现恒温控制。对电加热器的要求是热容量小，导热性好，功率适当。

(4)感温元件：是恒温槽的感觉中枢，是提高恒温槽精度的关键部件。感温元件的种类很多，如接触温度计(或称水银定温计，也称导电表)、热敏电阻感温元件等。这里仅以接触温度计为例说明它的控温原理。接触温度计(导电表)的构造如图4-21所示。其结构与普通水银温度计不同，它的毛细管中悬有一根可上下移动的金属丝，从水银槽也引出一根金属丝，两根金属丝再与温度控制系统连接。在导电表上部装有一根可随管外永久磁铁旋转的螺杆。螺杆上有一指示金属片(指示铁块)，金属片与毛细管中金属丝(触针)相连。当螺杆转动时金属片上下移动即带动金属丝上升或下降。

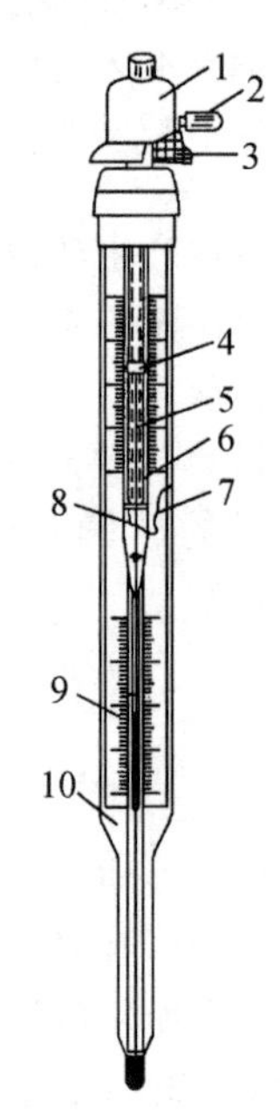

图4-21 接触温度计

1. 调节帽；2. 固定螺丝；3. 磁铁；4. 指示铁块；5. 钨丝；6. 调节螺杆；7. 铂丝接点；8. 铂弹簧；9. 水银柱；10. 铂丝接点

调节温度时，先转动调节帽，使螺杆转动，带动金属块上下移动至所需温度(从温度刻度板上读出)。当加热器加热后，水银柱上升与金属丝相接，线路接通，使加热器电源被切断，停止加热。

由于导电表的温度刻度很粗糙，恒温槽的精确温度应该由另一精密温度计指示。当所需的控温温度稳定时，将调节帽上的固定螺丝旋紧，使之不发生转动。

接触温度计的控温精度通常为±0.1℃，甚至可达

±0.05℃,对一般实验来说是足够精密的了。接触温度计允许通过的电流很小,为几个毫安以下,不能同加热器直接相连。因为加热器的电流约为1A,所以在接触温度计和加热器中间加一个中间媒介,即电子管继电器。

(5)电子管继电器:由继电器和控制电路两部分组成,其工作原理如图4-22所示。

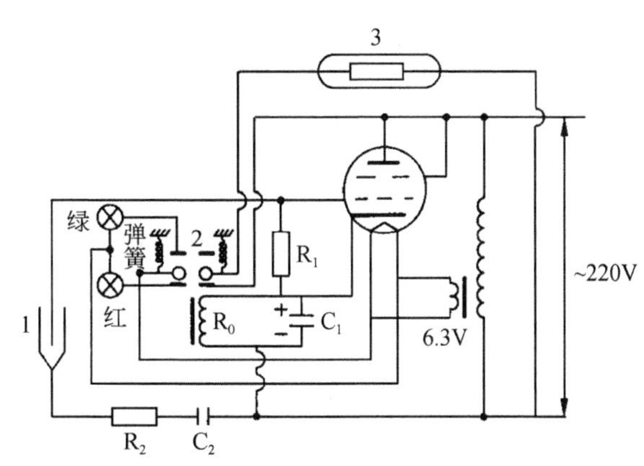

图4-22 电子管继电器线路图

1. 导电表;2. 衔铁;3. 加热器

可以把电子管的工作看成一个半波整流器R_e-C_1,并联电路的负载,负载两端的交流分量用来作为栅极的控制电压。当定温计触点为断路时,栅极与阴极之间由于R_1的耦合而处于同位,也即栅偏压为零。这时板流较大,约有18mA通过继电器,能使衔铁吸下,加热器通电加热;当定温计为通路,板极是正半周,这时R_e-C_1的负端通过C_2和定温计加在栅极上,栅极出现负偏压,使板极电流减少到2.5mA,衔铁弹开,电加热器断路。

因控制电压是利用整流后的交流分量,R_e的旁路电容C_1不能过大,以免交流电压值过小,引起栅偏压不足,衔铁吸下不能断开;C_1太小,则继电器衔铁会颤动,这是因为板流在负半周时无电流通过,继电器会停止工作,并联电容后依靠电容的充放电而维持其连续工作,如果C_1太小就不能满足这一要求。C_2用来调整板极的电压相位,使其与栅压有相同峰值。R_2用来防止触电。

电子管继电器控制温度的灵敏度很高。通过导电表的电流最多为30μA,因而导电表使用寿命很长,故获得普遍使用。

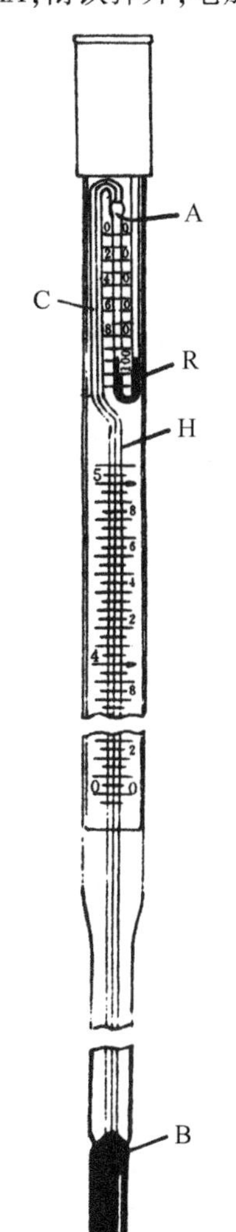

图4-23 贝克曼温度计

(6)贝克曼温度计:是水银温度计的一种,是一种移液式内标温度计,是精密测量温度差值的温度计,不能做温度值的绝对测量。它的测量范围是-20~150℃。贝克曼温度计的结构特点是底部的水银储球大,顶部有一个辅助水银储槽,用来调节底部水银量,所以同一支贝克曼温度计可用于不同温区的测量。其构造如图4-23所示。

1)贝克曼温度计的主要特点如下所示。

A. 它的刻度精细。标尺上的最小分度值是0.01℃,用放大镜可估读到0.002℃,测量精密度较高。

B. 在温度计主标尺上,通常只有0~5℃(或0~6℃)的刻度范围,所以量程较短。

C. 与普通水银温度计不同,在它的毛细管C的上端加装了一个水银储槽R,用以调节水银球B中的水银量,所以可在不同的温度范围内应用。

D. 水银球B中的水银量是可以变的,因此水银柱的刻度值不是温度的绝对读数,只能在量程范围内读出温度间的差值ΔT。

E. 由于储液球中水银量是按照测温范围进行调整的,所以每支贝克曼温度计在不同温区的分度值是不同的。当储液球中水银量增多,同样1℃的温差,毛细管中的水银柱将会升得比主标尺示值差1℃要高;相反,如果储液球中水银量减少,这时水银柱升高够不上主标尺的1℃,因而贝克曼温度计不同的温区所得的温差读数必须乘上一个校正因子,才能得到真正的温度差,这一校正因子称为在该温区的平均分度值 r。

2)贝克曼温度计温度量程的调节

A. 将贝克曼温度计浸在温度稍高(约3℃)于所需温度的恒温浴中,使毛细管C内的水银柱上升至A点,并在球形出口处形成滴状,然后从水浴中取出温度计,将其倒置,即可使它与储管R中的水银相连接。

B. 温度计再放回恒温浴中恒温5min。

C. 取出温度计,以右手紧握它的中部,使它垂直,用左手轻击右手臂,水银柱即可在A点处断开(注意:操作时要远离实验台,以防碰坏温度计)。

D. 将调好的温度计置于待测温度的恒温浴中观察读数数值,并估计量程是否符合要求。若偏差太大,则应按上述步骤重新调试。

E. 也可利用辅助储槽背面的温度标尺进行调节。

3)贝克曼温度计使用注意事项

A. 贝克曼温度计由薄玻璃制成,尺寸也较大,易受损坏,所以一般只应放置三处。安装在使用仪器上;放置在温度计盒中;握在手中,不应任意搁置。

B. 调节时,应注意勿让它受剧热或骤冷,还应避免重击。

C. 调节好的温度计,勿使毛细管C中的水银柱再与储槽R中的水银相连接。

D. 贝克曼温度计也有热惰性(即温度计的数值并不能把实际温度立刻反映出来的现象),容易造成观察滞后现象。在水银玻璃贝克曼温度计中热惰性往往是由于水银和毛细管壁间的摩擦力所引起的,故在读数前要用套有橡胶的玻璃棒轻敲温度计,或者使用自动振荡器振动贝克曼温度计,以防止贝克曼温度计的热惰性。

随着电子技术的发展,电子管继电器中电子管大多已为晶体管所代替,而且更多使用热电偶或热敏电阻作为感温元件,制成温控仪。它的温控系统,由直流电桥电压比较器、控温执行继电器等部分组成。当感温探头热敏电阻感受的实际温度低于控温选择温度时,电压比较器输出电压,使控温继电器输出线柱接通,恒温槽加热器加热,当感温探头热敏电阻感受温度与控温选择温度相同或偏高时,电压比较器输出为"0",控温继电器输出线柱断开,停止加热,当感温探头感受温度在下降时,继电器再动作,重复上述过程达到控温目的。

使用该仪器时须注意感温探头的保护。感温探头中热敏电阻是采用玻璃封结,使用时应防止与较硬的物件相撞,用毕感温探头头部用保护帽套上,感温探头浸没深度不得超过200mm。使用时若继电器跳动频繁或跳动不灵敏,可将电源相位反接。

2. 恒温槽的性能测试 恒温槽的温度控制装置属于"通""断"类型,当加热器接通后,恒温介质温度上升,热量的传递使水银温度计中水银柱上升。但热量传递需要时间,因此常出现温度传递的滞后。往往是加热器附近介质的温度超过指定温度,所以恒温槽的温度高于指定温度。同理降温时也会出现滞后现象。由此可知恒温槽控制的温度有一个波动范围,并不是控制在某一固定不变的温度。恒温槽内各处的温度也会因搅拌效果优劣而不同。控制温度的波动范围越小,各处的温度越均匀,恒温槽的灵敏度越高。灵敏度是衡量恒温槽性能优劣的主要标志。它除与感温元件、电子管继电器有关外,还与搅拌器的效率、加热器的功率等因素有关。

恒温槽灵敏度的测定是在指定温度下(如30℃)用较灵敏的温度计记录温度随时间的变化,每隔1min记录一次温度计读数,测定30min。然后以温度为纵坐标、时间为横坐标绘制成温度-时间曲线,如图4-24所示。图中a表示恒温槽灵敏度较高;b表示灵敏度较差;c表示加热功率太大;d表示加热器功率太小或散热太快。

恒温槽灵敏度 T_E 与最高温度 T_1、最低温度 T_2 的关系式为

$$T_E = \pm\frac{T_1 - T_2}{2} \tag{4-17}$$

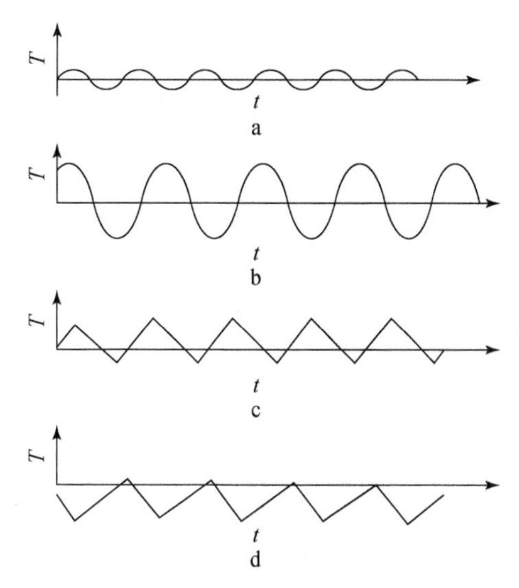

图 4-24　灵敏度曲线

T_E值越小，恒温槽的性能越佳，恒温槽精度随槽中区域不同而不同。同一区域的精度又随所用恒温介质、加热器、定温计和继电器（或控温仪）的性能质量不同而异，还与搅拌情况及所有这些元件间的相对配置情况有关，它们对精度的影响简述如下所示。

（1）恒温介质：介质流动性好，热容大，则精度高。

（2）定温计：定温计的热容小，与恒温介质的接触面积大，水银与铂丝和毛细管壁间的黏附作用小，则精度好。

（3）加热器：在功率足以补充恒温槽单位时间内向环境散失能量的前提下，加热器功率越小，精度越好。另外，加热器本身的热容越小，加热器管壁的导热效率越高，则精度越好。

（4）继电器：电磁吸引电键，后者发生机械运动所需时间越短，断电时线圈中的铁芯剩磁越小，精度越好。

（5）搅拌器：搅拌速度需足够大，使恒温介质各部分温度能尽量一致。

（6）部件的位置：加热器要放在搅拌器附近，以使加热器发出的热量能迅速传到恒温介质的各个部分。定温计要放在加热器附近，并且让恒温介质的旋转能使加热器附近的恒温介质不断地冲向定温计的水银球。被研究的体系一般要放在槽中精度最好的区域。测定温度的温度计应放置在被研究体系的附近。

（二）低温控制

实验时如需要低于室温的恒温条件，则需用低温控制装置。对于比室温稍低的恒温控制可以用常温控制装置，在恒温槽内放入蛇形管，其中用一定流量的冰水循环。如需要低的温度，则需选用适当的冷冻剂。实验室中常用冰盐混合物的低共熔点使温度恒定。表 4-4 列出几种盐类和冰的低共熔点。

表 4-4　盐类和冰的低共熔点

盐	盐的混合比（%）	最低到达温度（℃）	盐	盐的混合比（%）	最低到达温度（℃）
KCl	19.5	−10.7	NaCl	22.4	−21.2
KBr	31.2	−11.5	KI	52.2	−23.0
$NaNO_3$	44.8	−15.4	NaBr	40.3	−28.0
NH_4Cl	19.5	−16.0	NaI	39.0	−31.5
$(NH_4)_2SO_4$	39.5	−18.3	$CaCl_2$	30.2	−49.8

实验室中通常是把冷冻剂装入蓄冷桶，再配用超级恒温槽。由超级恒温槽的循环泵送来工作液体，在夹层中被冷却后，再返回恒温槽进行温度调节。若实验中要求更低的恒温温度，则可以把试样浸在液态制冷剂中（液氮、液氢等），把它装入密闭容器中，用泵进行排气，降低它的蒸气压，则液体的沸点也就降低下来，因此要控制这种状态下的液体温度，只要控制液体和它成热平衡的蒸气压即可。这里不再赘述。

(三) 物质相变温度控制

利用物质相变温度的恒定性来控制温度也是恒温的重要方法之一。例如,水和冰的混合物;冰盐的最低共熔点;各种蒸气浴等都是非常简便而又常用的方法。但是其温度的选择常受到一定的限制。

第五节 液体黏度的测定

流体黏度是相邻流体层以不同速度运动时所存在内摩擦力的一种量度。

黏度分绝对黏度和相对黏度。绝对黏度有两种表示方法:动力黏度、运动黏度。动力黏度是指当单位面积的流层以单位速度相对于单位距离的流层流出时所需的切向力,用希腊字母 η 表示黏度系数(俗称黏度),其单位是帕斯卡・秒,用符号 Pa・s 表示。运动黏度是液体的动力黏度与同温度下该液体的密度 ρ 之比,用符号 v 表示,其单位是平方米・秒$^{-1}$($m^2 \cdot s^{-1}$)。

相对黏度系某液体黏度与标准液体黏度之比,无量纲。

化学实验室常用玻璃毛细管黏度计测量液体黏度。此外,恩格勒黏度计、落球式黏度计、旋转式黏度计等也广泛使用。

一、毛细管黏度计

毛细管黏度计包括乌氏黏度计和奥式黏度计。这两种黏度计比较精确,使用方便,适合于测定液体黏度和高聚物相对摩尔质量

(一)玻璃毛细管黏度计的使用原理

测定黏度时通常测定一定体积的流体经一定长度垂直的毛细管所需的时间,然后根据泊肃叶公式计算其黏度。

$$\eta = \pi p r^4 t / 8Vl \quad (4\text{-}18)$$

式中,V 为时间 t 内流经毛细管的液体体积;p 为管两端的压力差;r 为毛细管半径;l 为毛细管长度。

直接由实验测定液体的绝对黏度是比较困难的。通常采用测定液体对标准液体(如水)的相对黏度的方法,结合已知标准液体的黏度标出待测液体的绝对黏度。

假设相同体积的待测液体和水,分别流经同一毛细管黏度计,则

$$\eta_{待} = \pi r^4 p_1 t_1 / 8Vl \quad (4\text{-}19)$$

$$\eta_{水} = \pi r^4 p_2 t_2 / 8Vl \quad (4\text{-}20)$$

两式相比得

$$\eta_{待}/\eta_{水} = p_1 t_1 / p_2 t_2 = hg\rho_1 t_1 / hg\rho_2 t_2 \quad (4\text{-}21)$$

式中,h 为液体流经毛细管的高度,ρ_1 为待测液体的密度;ρ_2 为水的密度。

因此,用同一根玻璃毛细管黏度计,在相同的条件下,两种液体的黏度比即等于它们的密度与流经时间的乘积比。若将水作为已知黏度的标准液(其黏度和密度可查阅手册),则可通过式(4-21)计算出待测液体的绝对黏度。

(二)乌氏黏度计

乌氏黏度计的外形各异但基本的构造如图 4-25 所示。

(三)奥氏黏度计

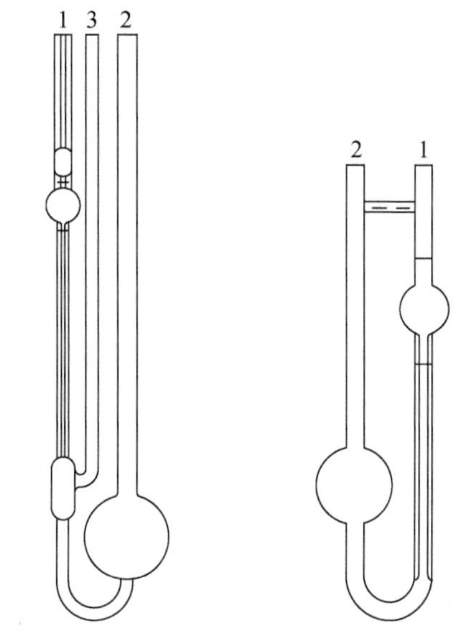

图4-25　乌氏黏度计　图4-26　奥氏黏度计

奥氏黏度的结构如图4-26所示,适用于测定低黏滞性液体的相对黏度,其操作方法与乌氏黏度计类似。但是,由于乌氏黏度计有一支管3,测定时管1中的液体在毛细管下端出口处与管2中的液体断开,形成了气承悬液柱。这样流液下流时所受压力差ρgh与管2中液面高度无关,即与所加的待测液的体积无关,故可以在黏度计中稀释液体。而奥氏黏度计测定时,标准液和待测液的体积必须相同,因为液体下流时所受的压力差ρgh与管2中液面高度有关。

(四)使用玻璃毛细管黏度计注意事项

(1)黏度计必须洁净,先用经2号砂芯漏斗滤过的洗液浸泡一天。如用洗液不能洗干净,则改用5%的氢氧化钠乙醇溶液浸泡,再用水冲净,直至毛细管壁不挂水珠,洗干净的黏度计置于110℃的烘箱中烘干。

(2)黏度计使用完毕,立即清洗,特别测高聚物时,要注入纯溶剂浸泡,以免残存的高聚物黏结在毛细管壁上而影响毛细管孔径,甚至堵塞。清洗后在黏度计内注满蒸馏水并加塞,防止落进灰尘。

(3)黏度计应垂直固定在恒温槽内,因为倾斜会造成液位差变化,引起测量误差,同时会使液体流经时间t变大。

(4)液体的黏度与温度有关,一般温度变化不超过±0.3℃。

(5)毛细管黏度计的毛细管内径选择,可根据所测物质的黏度而定,毛细管内径太细,容易堵塞,太粗测量误差较大,一般选择测水时流经毛细管的时间大于100s,在120s左右为宜。表4-5是乌氏黏度计的有关数据。

表4-5　乌氏黏度计有关数据

毛细管内径(mm)	测定球容积(ml)	毛细管长(mm)	常数(k)	测量范围($\times10^{-6}m^2\cdot s^{-1}$)
0.55	5.0	90	0.01	1.5～10
0.75	5.0	90	0.03	5～30
0.90	5.0	90	0.05	10～50
1.10	5.0	90	0.50	20～100
1.60	5.0	90	0.50	100～500

毛细管黏度计种类较多,除乌氏黏度计和奥氏黏度计外,还有平氏黏度计和芬氏黏度计,乌氏黏度计和奥氏黏度计适用于测定相对黏度,平氏黏度计适用于石油产品的运动黏度,而芬氏黏度计是平氏黏度计的改良,其测量误差小。

二、落球式黏度计

(一)落球式黏度计的测定原理

落球式黏度计是借助于固体球在液体中运动受到黏度阻力,测定球在液体中落下一定距离所需的时间，这种黏度计尤其适用于测定具有中等黏性的透明液体。

根据斯托克斯（Stokes）方程式：

$$F=6\pi r\eta\mu \tag{4-22}$$

式中，r 为球体积半径，μ 为球体下落速度，η 为液体黏度，在考虑浮力校正之后，重力与阻力相等时：

$$\frac{4}{3}\pi r^3(\rho_s-\rho)g=6\pi r\eta\mu \tag{4-23}$$

故

$$\eta=\frac{2gr^2(\rho_s-\rho)}{9\mu} \tag{4-24}$$

式中，ρ_s为球体密度，ρ 为液体密度，g 为重力加速度。

落球速度可由球降落距离 h 除以时间 t 而得。

$\mu=\frac{h}{t}$代入式（4-24）得

$$\eta=\frac{2gr^2t}{9h}(\rho_s-\rho) \tag{4-25}$$

当 h 和 r 为定值时则得

$$\eta=kt(\rho_s-\rho) \tag{4-26}$$

式中，k 为仪器常数，可用已知黏度的液体测得。

落球法测相对黏度的关系式为

$$\frac{\eta_1}{\eta_2}=\frac{(\rho_s-\rho_1)t_1}{(\rho_s-\rho_2)t_2} \tag{4-27}$$

式中，ρ_1、ρ_2分别为液体 1 和 2 的密度；t_1、t_2分别为球在液体 1 和 2 中落下一定距离所需的时间。

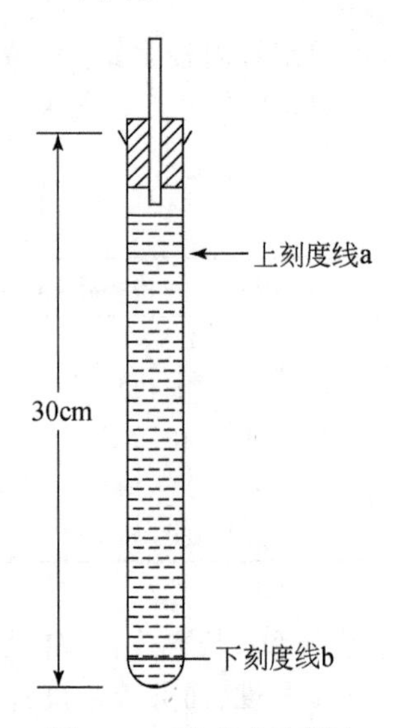

图 4-27　落球式黏度计

（二）落球式黏度计的测定方法

落球式黏度计如图 4-27 所示，其测试方法如下所示。

1. 用游标卡尺量出钢球的平均直径，计算球的体积。称量若干个钢球，由平均体积和平均质量计算钢球的密度 ρ_s。

2. 将标准液（如甘油）注入落球管内并高于上刻度线 a，将落球管放入恒温槽内，使其达到热平衡。

3. 钢球从黏度计上圆柱管落下，用秒表测定钢球由刻度线 a 落到刻度线 b 所需时间。重复四次，计算平均时间。

4. 将落球式黏度计处理干净，按照上述测定方法测待测液体。

5. 标准液体的密度和黏度可从手册中查得，待测液的密度用比重瓶法测得。

落球式黏度计测量范围较宽，用途广泛，尤其适合测定较高透明度的液体。但对钢球的要求较高，钢球要光滑而圆，另外，要防止球从圆柱管下落时与圆柱管的壁相碰，造成测量误差。

参 考 文 献

北京大学化学系胶体化学教研室,1993. 胶体与界面化学实验. 北京:北京大学出版社.

北京大学化学系物理化学教研室实验课教学组,1985. 物理化学实验. 北京:北京大学出版社.

陈振江,程世贤, 2012. 物理化学实验. 北京:中国中医药出版社.

崔黎丽,2011. 物理化学实验指导. 北京:人民卫生出版社.

东北师范大学等,1982. 物理化学实验. 北京:人民教育出版社.

复旦大学,2004. 物理化学实验(第3版). 北京:高等教育出版社.

孙尔康, 徐维清,邱金恒,1998. 物理化学实验. 南京:南京出版社.

张师愚,杨惠森,2002. 物理化学实验. 北京:科学出版社.

附　　录

附录一　中华人民共和国法定计量单位

附表 1-1　国际单位制的基本单位

量的名称	单位名称	单位符号
长度	米	m
质量	千克(公斤)	kg
时间	秒	s
电流	安培	A
热力学温度	开(尔文)	K
物质的量	摩尔	mol
发光强度	坎(德拉)	cd

附表 1-2　国际单位制中的具有专门名称的导出单位

量的名称	单位名称	单位符号	其他表示式列
频率	赫(兹)	Hz	s^{-1}
力、重力	牛顿	N	$kg \cdot m/s^2$
压强、压力、应力	帕(斯卡)	Pa	N/m^2
能量、功、热	焦(尔)	J	N · m
功率、辐射通量	瓦(特)	W	J/s
电荷量	库(仑)	C	A · s
电位、电压、电动热	伏(特)	V	W/V
电容	法(拉)	F	C/V
电阻	欧姆	Ω	V/A
电导	西(门子)	S	A/V
磁通量	韦(伯)	Wb	V · S
电感	亨(利)	H	Wb/A
摄氏温度	摄氏度	℃	
光通量	流(明)	lm	$cd \cdot S_r$
吸附剂量	戈(瑞)	Gy	J/kg
剂量当量	希(沃特)	S_v	J/kg

附表 1-3　国家选定的非国际单位制单位

量的名称	单位名称	单位符号	换算关系和说明
时间	分	min	1min = 60s
	天(日)	d	1d = 24h = 86 400s
	(小)时	h	1h = 60min = 3600s
平面角	角(秒)	(″)	1″ = (π/64 800) rad
	角(分)	(′)	1′ = 60″ = (π/10 800) rad
	度	(°)	1° = 60′ = (π/180) rad
旋转速度	转每分	r/min	$1r/min = (1/60)s^{-1}$
长度	海里	n mile	1n mile = 1852m(只用于航行)
质量	吨	t	$1t = 10^3 kg$
体积	升	L	$1L = 1dm^3 = 10^{-3} m^3$
能	电子伏	eV	$1eV = 1.602\ 218\ 92 \times 10^{-9}$
线密度	特(克斯)	tex	1tex = 1g/km

附表 1-4　部分法定计量单位与非法定计量单位换算表

$1m = 10^9 nm = 10^{10}$ Å

$1N = 10^5 dm$

$1P_a = 10dm \cdot cm^{-2} = 7.501 \times 10^{-3}$ mmHg(Torr) $= 90\ 869 \times 10^{-6}$ atm

$1J = 10^7 erg = 0.2390 cal$

$1P_a \cdot S = 10P = 10^3 CP$

附录二　常用物理常数表

附表 2-1　常用物理常数表

常数名称	符号	数值	单位(SI)	单位(CGS)
真空光速	C	2.997 924 58	$10^8 m/s$	$10^{10} cm/s$
真空介电常数	ε	8.854 187 82	$10^{-12} F/m$	
电子电荷	e	1.060 218 92	$10^{-19} c$	
		4.803 242		$10^{-10} esu$
原子质量常量	m_u	1.680 556 5	$10^{-27} kg$	
电子静质量	m_e	0.910 953 4	$10^{-30} kg$	
质子静质量	m_p	1.672 648 5	$10^{-27} kg$	
电子比荷	e/m_e	1.758 804 7	$10^{11} c/kg$	
		502 727 64		$10^{17} esu/g$
玻尔磁子	μ_B	9.274 078	$10^{-24} J/T$	$10^{-21} erg/g$
阿伏伽德罗常数	N_A	6.022 045	$10^{23}/mol$	$10^{23}/mol$
玻尔兹曼常数	K	1.380 662	$10^{23}/mol$	

续表

常数名称	符号	数值	单位(SI)	单位(CGS)
法拉第常数	F	9. 648 456	10^4/mol	
		2. 892 534 2		10^{14} esu/mol
普朗克常数	h	6. 626 176	10^{-34}J · s	10^{-27}erg · s
气体常数	R	8. 314 41	J/(K · mol)	erg/(C · mil)
万有引力常数	G	6. 672 0	10^{-11}N · m^2/kg	10^{-8}day · cm^2/g
重力加速度	g	9. 806 65	m/s	10^2cm/s

附录三　彼此饱和的两种液体的界面张力

附表 3-1　彼此饱和的两种液体的界面张力

液体	T(℃)	σ(mN/m)	液体	T(℃)	σ(mN/m)
水-正己烷	20	51. 1	水-甲苯	25	36. 1
水-正辛烷	20	50. 8	水-乙基苯	17. 5	31. 35
水-四氯化碳	20	45	水-苯甲醇	22. 5	4. 75
水-乙醚	18	10. 7	水-苯胺	20	5. 77
水-异丁醇	18	2. 1	汞-正辛烷	20	374. 7
水-异戊醇	20	5. 0	汞-异丁醇	20	342. 7
水-二丙胺	20	1. 66	汞-苯	20	357. 2
水-庚酸	20	7. 0	汞-甲苯	20	359
水-苯	20	35. 0	汞-乙醚	20	379
水-正辛烷	20	8. 5			

附录四　不同温度时水的密度、黏度及与空气界面上的表面张力

附表 4-1　不同温度时水的密度、黏度及与空气界面上的表面张力

T(℃)	d(g/cm^3)	η(10^{-3}Pa · s)	σ(mN/m)
0	0. 999 87	1. 787	75. 64
5	0. 999 99	1. 519	74. 92
10	0. 999 73	1. 307	74. 22
11	0. 999 63	1. 271	74. 07
12	0. 999 52	1. 235	73. 93
13	0. 999 40	1. 202	73. 78
14	0. 999 27	1. 169	73. 64

续表

T(℃)	d(g/cm³)	η(10^{-3}Pa·s)	σ(mN/m)
15	0.999 13	1.139	73.49
16	0.998 97	1.109	73.34
17	0.998 80	1.081	73.19
18	0.998 62	1.053	73.05
19	0.998 43	1.027	72.90
20	0.998 23	1.002	72.75
21	0.998 02	0.9779	72.59
22	0.997 80	0.9548	72.44
23	0.997 56	0.9325	72.28
24	0.997 32	0.9111	72.13
25	0.997 07	0.8901	71.97
26	0.996 81	0.8705	71.82
27	0.996 54	0.8513	71.66
28	0.996 26	0.8327	71.50
29	0.995 97	0.8148	71.35
30	0.995 67	0.7975	71.18
40	0.992 24	0.6529	69.56
50	0.988 07	0.5468	67.91
90	0.965 34	0.3147	60.75

附录五　不同温度时一些物质的密度

附表 5-1　不同温度时一些物质的密度(g/cm³)

物质	密度						
	0℃	10℃	20℃	30℃	40℃	50℃	60℃
丙烯醇	0.868 1			0.842 1			
苯胺	1.039 0	1.030 3	1.021 8	1.013 1	1.004 5	0.995 8	0.987 2
丙酮	0.812 5	0.801 4	0.790 5	0.779 3	0.768 2	0.756 0	
乙腈	0.803 5	0.792 6	0.782 2	0.771 3			
苯乙酮				1.019 4	1.010 6	1.002 1	0.975 7
苯甲醇	1.060 8	1.053 2	1.045 4	1.036 7	1.029 7	1.021 9	
苯		0.889 5	0.879 0	0.868 5	0.857 6	0.846 6	0.835 7
溴苯	1.521 8	1.508 3	1.495 2	1.481 5	1.468 2	1.454 6	1.441 1
水	0.999 9	0.999 7	0.998 2	0.995 7	0.992 2	0.988 1	0.983 2
己烷	0.677 0	0.668 3	0.658 3	0.650 5	0.641 2	0.631 8	0.622 9
甘油	1.273 4	1.267 1	1.261 3	1.255 2	1.249 0	1.242 3	1.235 9

续表

物质	密度						
	0℃	10℃	20℃	30℃	40℃	50℃	60℃
乙醚	0.736 3	0.725 0	0.713 5	0.701 8	0.689 8	0.677 5	0.665 0
甲醇	0.806 7	0.800 0	0.791 5	0.782 5	0.774 0	0.765 0	0.755 5
甲酸甲酯	1.003 2	0.988 6	0.974 2				
硝基苯	1.223 1	1.213 1	1.203 3	1.193 6	1.183 7	1.174 0	1.163 8
氮杂苯	1.003 0	0.993 5	0.982 0	0.972 9	0.962 9	0.952 6	0.942 4
汞	13.595	13.571	13.546	13.522	13.497	13.473	13.449
二硫化碳	1.292 7	1.277 8	1.263 2	1.248 2			
硫茂			1.064 7	1.248 2			
甲苯	0.885 5	0.878 2	0.867 0	0.858 0			
乙酸			1.049 1	1.039 2	1.028 2	1.017 5	1.006 0
乙酐	1.105 3	1.093 0	1.081 0	1.069 0	1.056 7	1.044 3	
苯肼			1.098 1	1.089 9	1.081 7	1.073 7	1.065 3
氯苯	1.122 7	1.117 1	1.106 2	1.095 4	1.084 6	1.074 2	1.063 6
氯仿	1.526 4	1.507 7	1.489 0	1.470 0	1.450 9	1.433 4	1.411 4
四氯化碳	1.632 6	1.613 5	1.594 1	1.574 8	1.555 7	1.536 1	1.516 3
乙醇	0.806 3	0.797 9	0.789 5	0.781 0	0.772 0	0.763 2	0.754 4

附录六　不同温度时一些液体的黏度

附表 6-1　不同温度时一些液体的黏度(10^{-3}Pa·s)

物质	黏度						
	0℃	10℃	20℃	30℃	40℃	50℃	60℃
丙烯醇			10.72				
苯胺		6.55	4.48	3.19	2.41	1.89	1.56
丙酮	397	3.61	3.25	2.96	2.71	2.46	
乙腈			2.91	2.78			
苯乙酮				15.11	12.65	11.00	
苯甲醇				4.65			
苯	9.00	7.57	6.47	5.66	4.82	4.36	3.95
溴苯	15.2	12.75	11.23	9.85	8.90	7.90	7.20
水	17.92	13.10	10.09	8.00	6.54	5.49	4.69
己烷	3.97	3.55	3.20	2.90	2.64	2.48	2.21
甘油	121.1	39.50	14.8	5.87	3.30	1.80	1.02
乙醚	2.79	2.58	2.34	2.13	1.97	1.80	1.66
甲醇	8.17		5.84		4.50	3.96	3.51

续表

物质	黏度						
	0℃	10℃	20℃	30℃	40℃	50℃	60℃
甲酸甲酯	4.29	3.81	3.46	3.19			
硝基苯	30.9	23.0	20.30	16.34	14.40	12.40	10.90
氮杂苯	13.6	11.3	9.58	8.29	7.24	6.39	5.69
汞	16.85	16.15	15.54	14.99	14.50	14.07	13.67
二硫化碳	4.33	3.96	3.66	3.41	3.19		
硫茂			6.62	5.84			
甲苯		6.68	5.90	5.26	4.67		
乙酸			12.2	10.4	9.0	7.4	7.0
乙酐				7.83			
苯肼			4.56	4.40	4.04		
氯苯	10.60	9.10	7.94	7.11	6.40	5.71	5.20
氯仿	6.99	6.25	5.68	5.14	4.64	4.24	3.89
四氯化碳	13.29	11.32	9.65	8.43	7.39		5.85
乙醇	17.85	14.51	11.94	9.91	8.23	7.61	5.91

附录七　不同温度时一些液体的表面张力

附表 7-1　不同温度时一些液体的表面张力(N/m)

化合物	σ						
	0℃	10℃	20℃	30℃	40℃	50℃	60℃
丙烯醇			25.63	24.92			
苯胺	45.42	44.38	43.30	42.24	41.20	40.10	38.40
丙酮	25.21	25.00	23.32	22.01	21.16	19.90	18.61
乙腈			29.10	27.80			
苯乙酮		39.50	38.21				
苯甲醇			29.96	38.94			
苯		30.26	28.90	27.61	26.26	24.98	23.72
溴苯		36.34	35.09				
水	75.64	74.22	72.75	71.78	69.56	67.91	66.18
己烷	20.25	19.40	18.42	17.40	16.35	15.30	14.20
甘油			63.40				
乙醚			17.40	15.95			
甲醇	24.50	23.50	22.60	21.80	20.90	20.10	19.30
甲酸甲酯			24.64	23.09			
硝基苯	46.40	45.20	43.90	42.70	41.50	40.20	39.00

续表

化合物	σ						
	0℃	10℃	20℃	30℃	40℃	50℃	60℃
氮杂苯			38.00		35.00		
二硫化碳			32.25	30.79			
硫茂			33.10		30.10		
甲苯	30.80	29.60	23.53	27.40	26.20	25.00	23.80
乙酸	29.70	28.80	27.63	26.80	25.80	24.65	23.80
乙酐			32.65	31.22	30.05	29.00	
苯肼			45.55	44.31			40.40
氯苯	36.00	34.80	33.28	32.30	31.10	29.90	28.70
氯仿		28.50	27.28	25.89			21.73
四氯化碳	29.38	28.05	26.70	25.54	24.41	23.22	22.38
乙醇	24.05	23.14	22.32	21.48	20.60	19.80	19.01
正庚烷		21.12	20.14	19.17	18.18	17.20	16.22
十六烷			27.47	26.62	25.76	24.91	24.06

附录八　不同温度时 KCl 水溶液的电导率

附表 8-1　不同温度时 KCl 水溶液的电导率

T(℃)	K(S/m)		
	0.01mol/L KCl 水溶液	0.02mol/L KCl 水溶液	0.10mol/L KCl 水溶液
10	0.001 020	0.001 940	0.009 33
11	0.001 045	0.002 043	0.009 56
12	0.001 070	0.002 093	0.009 79
13	0.001 095	0.002 142	0.010 02
14	0.001 021	0.002 193	0.010 25
15	0.001 147	0.002 243	0.010 48
16	0.001 173	0.002 294	0.010 72
17	0.001 199	0.002 345	0.010 95
18	0.001 225	0.002 397	0.011 19
19	0.001 251	0.002 449	0.011 43
20	0.001 278	0.002 501	0.011 67
21	0.001 305	0.002 553	0.011 91
22	0.001 332	0.002 606	0.012 15
23	0.001 359	0.002 659	0.012 39
24	0.001 386	0.002 712	0.012 64
25	0.001 413	0.002 765	0.012 88

续表

T(℃)	K(S/m)		
	0.01mol/L KCl 水溶液	0.02mol/L KCl 水溶液	0.10mol/L KCl 水溶液
26	0.001 441	0.002 819	0.013 13
27	0.001 468	0.002 873	0.013 37
28	0.001 496	0.002 927	0.013 62
29	0.001 524	0.002 981	0.011 387
30	0.001 552	0.003 036	0.014 12
31	0.001 581	0.003 091	0.014 37
32	0.001 609	0.003 146	0.014 62
33	0.001 638	0.003 201	0.014 88
34	0.001 667	0.003 256	0.015 13
35		0.003 312	0.015 39

附录九　某些表面活性剂的临界胶束浓度

附表 9-1　某些表面活性剂的临界胶束浓度(CMC)

表面活性剂	温度(℃)	CMC(mol/L)
氯化十六烷三甲胺	25	1.6×10^{-2}
溴化十六烷三甲胺		9.12×10^{-5}
溴化十六烷化吡啶		1.23×10^{-2}
辛烷基磺酸钠	25	1.5×10^{-1}
辛烷基硫酸酯	40	1.36×10^{-1}
十二烷基硫酸酯	40	8.6×10^{-3}
十四烷基硫酸酯	40	2.4×10^{-3}
十六烷基硫酸酯	40	5.8×10^{-4}
十八烷基硫酸酯	40	1.7×10^{-4}
硬脂酸钾	50	4.5×10^{-4}
氯化十二烷基胺	25	1.6×10^{-2}
月桂酸钾	25	1.25×10^{-2}
十二烷基磺酸酯	25	9.0×10^{-3}
十二烷基聚乙二醇(6)基醚	25	8.7×10^{-5}
丁二酸二辛基磺酸钠	25	1.24×10^{-2}
蔗糖单月桂酸酯		2.38×10^{-2}
蔗糖单棕榈酸酯		9.5×10^{-2}
吐温 20	25	6×10^{-2}(以下 g/L)
吐温 40	25	3.1×10^{-2}
吐温 60	25	2.8×10^{-2}

续表

表面活性剂	温度(℃)	CMC(mol/L)
吐温 65	25	5.0×10^{-2}
吐温 80	25	1.4×10^{-2}
吐温 85	25	2.3×10^{-2}
油酸钾	50	1.2×10^{-3}
松香酸钾	25	1.2×10^{-2}
辛基β-D-葡萄糖苷	25	2.5×10^{-2}
对-十二烷基苯磺酸钠	25	1.4×10^{-2}

附录十　某些表面活性剂的亲水亲油平衡值

附表 10-1　某些表面活性剂的亲水亲油平衡值

化学名称	商品名	亲水亲油平衡值
失水山梨醇三油酸酯	司盘 85	1.8
失水山梨醇三硬脂酸酯	司盘 65	2.1
单硬脂酸丙二醇酯		3.4
失水山梨醇倍半油酸酯	司盘 83	3.7
失水山梨醇单油酸酯	司盘 80	4.3
月桂酸丙二酯	阿特拉斯 G-917	4.5
失水山梨醇单硬脂酸酯	司盘 60	4.7
单硬脂酸甘油酯		5.5
失水山梨醇单棕榈酸酯	司盘 40	6.7
阿拉伯胶		8.0
失水山梨醇单月桂酸酯	司盘 20	8.6
聚氧乙烯月桂醇醚	司盘 20	8.6
聚氧乙烯月桂醇醚	苄泽 30	9.5
明胶		9.8
甲基纤维素		10.5
聚氧乙烯失水山梨醇三硬脂酸酯	吐温 65	10.5
聚氧乙烯失水山梨醇三油酸酯	吐温 85	11.0
聚氧乙烯单硬脂酸酯	卖泽 45	11.1
聚氧乙烯 400 单乙酸酯		11.4
烷基芳基磺酸盐 3300	阿特拉斯 G-3300	11.7
油酸三乙醇胺		12.0
聚氧乙烯烷基酚		12.8
聚氧乙烯脂肪醇醚	乳白灵 A	13.0
西黄蓍胶		13.2

续表

化学名称	商品名	亲水亲油平衡值
聚氧乙烯失水山梨醇单硬脂酸酯	吐温 60	14.9
聚氧乙烯壬烷基酚醚	乳化剂 OP	15.0
聚氧乙烯失水山梨醇单油酸酯	吐温 80	15.0
聚氧乙烯失水山梨醇单棕榈酸酯	吐温 40	15.6
聚氧乙烯聚氧丙烯共聚物	普流罗尼 F68	16.0
聚氧乙烯月杜醇醚	平平加 O-20	16.0
聚氧乙烯十六醇醚	西土马哥	16.4
聚氧乙烯失水山梨醇单月杜酸酯	吐温 20	16.7
聚氧乙烯单硬脂酸酯	苄泽 52	16.9
油酸钠		18.0
油酸钾		20.0
烷基芳基磺酸盐 263	阿特拉斯 G-263	25～30
月杜醇硫酸钠		40.0

附录十一　不同温度时无限稀释离子的摩尔电导率

附表 11-1　不同温度时无限稀释离子的摩尔电导率(10^{-4}S·m/mol)

离子	摩尔电导率			
	0℃	18℃	25℃	50℃
H^+	240	314	350	465
K^+	40.4	64.4	74.5	115
Na^+	26.0	43.5	50.9	82
NH_4^+	40.2	64.5	74.5	115
Ag^+	32.9	54.3	63.5	101
$1/2Ba^{2+}$	33	55	65	104
$1/2Ca^{2+}$	30	51	60	98
$1/3La^{3+}$	35	61	72	119
OH^-	105	172	192	284
Cl^-	41.1	65.5	75.5	116
NO_3^-	40.4	61.7	70.6	104
$C_2H_3O_2^{2-}$	20.3	34.6	40.8	67
$1/2SO_4^{2-}$	41	68	79	125
$1/2C_2O_4^{2-}$	39	63	73	115
$1/3C_6H_5O_7^{3-}$	36	60	70	113
$1/4F_e(CN)_6^{4-}$	58	95	111	173

附录十二　有关蛋白质的常用数据

附表 12-1　常见蛋白质等电点参考值

蛋白质	等电点	蛋白质	等电点
鲑精蛋白	12.1	卵黄类黏蛋白	5.5
鲱精蛋白	12.1	刀豆球蛋白 A	5.5
鲟精蛋白	11.71	α-脂蛋白	5.5
溶菌酶	11.0～11.2	β-脂蛋白	5.5
胸腺组蛋白	10.8	胰岛素	5.35
抗生物素蛋白	10.5	牛痘病毒	5.3
胃蛋白酶	10.0 左右	肌球蛋白 A	5.2～5.5
细胞色素 C	9.8～10.1	组织促凝血酶原激酶;凝血因子 I	5.2
α-糜蛋白酶	8.8	β-乳球蛋白	5.1～5.3
γ-球蛋白(人)	8.2,7.3	β-球蛋白	5.12
鲸肌红蛋白	8.2	原肌球蛋白	5.1
糜蛋白酶(胰凝乳蛋白酶)	8.1	花生球蛋白	5.1
核糖核酸酶(牛胰脏)	7.8	α-球蛋白	5.06
球蛋白(人)	7.5	牛血清白蛋白	4.9
马肌红蛋白	7.4	鱼胶	4.8～5.2
鸡血红蛋白	7.23	卵黄蛋白	4.80～5.0
伴清蛋白	7.1,6.8	α-眼晶体蛋白	4.8
人血红蛋白	7.07	卵白蛋白	4.71,4.59
马血红蛋白	6.92	白明胶	4.7～5.0
γ-球蛋白	6.85～7.3	藻清蛋白	4.65
促生长素	6.85	血蓝蛋白	4.6～6.4
胶原蛋白	6.6～6.8	人血清白蛋白	4.64
人碳酸酐酶	6.5	无脊椎血红蛋白	4.6～6.2
肌浆蛋白 A	6.3	还原角蛋白	4.6～4.7
牛碳酸酐酶	6.0	甲状腺球蛋白	4.58
β-眼晶体蛋白	6.0	大豆胰蛋白酶抑制剂	4.55
铁传递蛋白	5.9	β-酪蛋白	4.5
β-卵黄脂磷蛋白	5.9	视紫质	4.47～4.57
γ-酪蛋白	5.8～6.0	血绿蛋白	4.3～4.5
人 γ-球蛋白	5.8,6.6	葡萄糖氧化酶	4.15
促乳素	5.73	α-酪蛋白	4.0～4.1
干扰素	5.7～7.0	α-1-抗胰蛋白酶	
蚯蚓血红蛋白	5.6	胸腺核组蛋白	4.0 左右
血纤蛋白原	5.5～5.8	α-卵类黏蛋白	3.38～4.41

续表

蛋白质	等电点	蛋白质	等电点
芫青黄花病毒	3.75	尿促性腺激素	3.2~3.3
角蛋白	3.7~5.0	家蚕丝蛋白	2.0~2.4
肌清蛋白	3.5	α-黏蛋白	1.8~2.7
胎球蛋白	3.4~3.5		

附表 12-2 常见蛋白质分子量参考值

蛋白质	分子量	蛋白质	分子量
巨豆尿素酶	480 000	延胡索酸酶(反丁烯二酸酶)	49 000
铁蛋白	440 000	脂肪酶	48 000
麻仁球蛋白	310 000	卵清蛋白	43 000
过氧化氢酶	232 000	乳酸脱氢酶	36 000
黄嘌呤氧化酶	181 000	胃蛋白酶	35 000
牛 γ-球蛋白	165 000	木瓜蛋白酶(羧甲基)	23 000
酵母醇脱氢酶	140 000	大豆胰蛋白酶抑制剂	215 000
兔肌脱氢酶	135 000	溶菌酶	143 000
β-半乳糖苷酶	130 000	核糖核酸酶	13 700
血清白蛋白	680 00	细胞色素 c	12 200

附录十三 常用缓冲剂的配制

附表 13-1 乙酸-乙酸钠缓冲液(2mol/L, pH 3.6~5.8)

pH(18℃)	0.2mol/L NaAc(ml)	0.2mol/L HAc(ml)	pH(18℃)	0.2mol/L NaAc(ml)	0.2mol/L HAc(ml)
3.6	0.75	9.25	4.8	5.90	4.10
3.8	1.20	8.80	5.0	7.00	3.00
4.0	1.80	8.20	5.2	7.90	2.10
4.2	2.65	7.35	5.4	8.60	1.40
4.4	3.70	6.30	5.6	9.10	0.90
4.6	4.90	5.10	5.8	9.40	0.60

附表 13-2 磷酸氢钠-磷酸二氢钠缓冲液(2mol/L, pH 5.8~8.0)

pH	0.2mol/L $NaHPO_4$(ml)	0.2mol/L NaH_2PO_4(ml)	pH	0.2mol/L $NaHPO_4$(ml)	0.2mol/L NaH_2PO_4(ml)
5.8	8.0	92.0	7.0	61.0	39.0
6.0	12.3	87.7	7.2	72.0	28.0
6.2	18.5	81.5	7.4	81.0	19.0
6.4	26.5	73.5	7.6	87.0	13.0
6.6	37.5	62.5	7.8	91.0	8.5
6.8	49.0	51.0	8.0	94.7	5.3

附表 13-3 硼砂-硼酸缓冲液

pH	0.2mol/L 硼砂(ml)	0.2mol/L 硼酸(ml)	pH	0.2mol/L 硼砂(ml)	0.2mol/L 硼酸(ml)
7.4	1.0	9.0	8.2	3.5	6.5
7.6	1.5	8.5	8.4	4.5	5.5
7.8	2.0	8.0	8.7	6.0	4.0
8.0	3.0	7.0	9.0	8.0	2.0

附表 13-4 Tris(三羟基甲基氨甲烷)-HCl 缓冲液(0.05mol/L,pH 7.0~9.0)

pH		0.2mol/L Tris(ml)	0.1mol/L HCl(ml)	pH		0.2mol/L Tris(ml)	0.1mol/L HCl(ml)
23℃	37℃			23℃	37℃		
9.10	8.95	25	5	8.05	7.90	25	27.5
8.92	8.78	25	7.5	7.96	7.82	25	30.0
8.74	8.60	25	10.0	7.87	7.73	25	32.5
8.62	8.48	25	12.5	7.77	7.73	25	35.0
8.50	8.37	25	15.0	7.66	7.52	25	37.5
8.40	8.27	25	17.5	7.54	7.40	25	40.0
8.32	8.18	25	20.0	7.36	7.22	25	42.5
8.23	8.10	25	22.5	7.20	7.05	25	45.0
8.14	8.00	25	25.0				

注:配制时加水至100ml

附表 13-5 巴比妥-HCl 缓冲液(pH 6.8~9.6)

pH(18℃)	0.4mol/L 巴比妥钠盐(ml)	0.2mol/L HCl(ml)	pH(18℃)	0.4mol/L 巴比妥钠盐(ml)	0.2mol/L HCl(ml)
6.8	100	18.4	8.4	100	5.21
7.0	100	17.8	8.6	100	3.82
7.2	100	16.7	8.8	100	2.52
7.4	100	15.3	9.0	100	1.62
7.6	100	13.4	9.2	100	1.13
7.8	100	11.47	9.4	100	0.70
8.0	100	9.39	9.6	100	0.35
8.2	100	7.21			

附表 13-6 广泛缓冲液(pH 2.6～12.0)

pH	0.2mol/L NaOH(ml)	pH	0.2mol/L NaOH(ml)	pH	0.2mol/L NaOH(ml)
2.6	2.0	5.8	36.5	9.0	72.7
2.8	4.3	6.0	38.9	9.2	74.0
3.0	6.4	6.2	41.2	9.4	75.9
3.2	8.3	6.4	43.5	9.6	77.6
3.4	10.1	6.6	46.0	9.8	79.3
3.6	11.8	6.8	48.3	10.0	80.8
3.8	13.7	7.0	50.6	10.2	82.0
4.0	15.5	7.2	52.9	10.4	82.9
4.2	17.6	7.4	75.8	10.6	83.9
4.4	19.9	7.6	58.6	10.8	84.9
4.6	22.4	7.8	61.7	11.0	86.0
4.8	24.8	8.0	63.7	11.2	87.7
5.0	27.1	8.2	65.8	11.4	89.7
5.2	29.5	8.4	67.5	11.6	92.0
5.4	31.8	8.6	69.3	11.8	95.0
5.6	34.2	8.8	71.0	12.0	99.6

配制方法：每升混合液内含柠檬酸6.008g，磷酸二氢钾3.893g，硼酸1.769g，巴比妥5.266g。每100ml混合液滴加如表中0.2mol/L NaOH至所需pH(18℃)

附表 13-7 柠檬酸-柠檬酸钠缓冲液(pH 3.0～6.2)

pH	0.1mol/L 柠檬酸(ml)	0.1mol/L 柠檬酸钠(ml)	pH	0.1mol/L 柠檬酸(ml)	0.1mol/L 柠檬酸钠(ml)
3.0	82.0	18.0	4.8	40.0	60.0
3.2	77.5	22.5	5.0	35.0	65.0
3.4	73.0	27.0	5.2	30.5	69.5
3.6	68.5	31.5	5.4	25.5	74.5
3.8	63.5	36.5	5.6	21.0	79.0
4.0	59.0	41.0	5.8	16.0	84.0
4.2	54.0	46.0	6.0	11.5	88.5
4.4	49.5	50.5	6.2	8.0	92.0
4.6	44.5	55.5			

附表 13-8 柠檬酸-磷酸氢二钠缓冲液(pH 2.6 ~ 7.8)

pH	0.1mol/L 柠檬酸(ml)	0.2mol/L 磷酸氢二钠(ml)	pH	0.1mol/L 柠檬酸(ml)	0.2mol/L 磷酸氢二钠(ml)
2.6	89.1	10.90	5.2	46.40	53.60
2.8	84.15	15.85	5.4	44.25	55.75
3.0	79.45	20.55	5.6	42.00	58.00
3.2	75.30	24.70	5.8	39.55	60.45
3.4	71.50	28.50	6.0	36.85	63.15
3.6	67.80	32.20	6.2	33.90	66.10
3.8	64.50	35.50	6.4	30.75	69.25
4.0	61.45	38.55	6.6	27.25	72.75
4.2	58.60	41.40	6.8	22.75	77.25
4.4	55.90	44.10	7.0	17.65	82.35
4.6	53.75	46.25	7.2	13.05	86.95
4.8	50.70	49.30	7.4	9.15	90.85
5.0	48.50	51.50	7.6	6.35	93.65

附表 13-9 氯化钾-氢氧化钠缓冲液(pH 12.0 ~ 13.0)

pH(25℃)	0.2mol/L KCl(ml)	0.2mol/L NaOH(ml)	pH(25℃)	0.2mol/L KCl(ml)	0.2mol/L NaOH(ml)
12.0	25	6.0	12.6	25	25.6
12.1	25	8.0	12.7	25	32.2
12.2	25	10.2	12.8	25	41.2
12.3	25	12.2	12.9	25	53.0
12.4	25	16.8	13.0	25	66.0
12.5	25	20.4